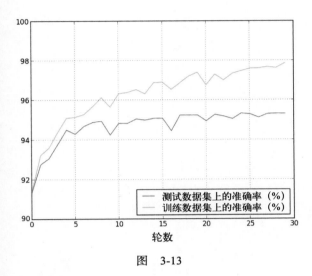

图 3-13

图 3-16

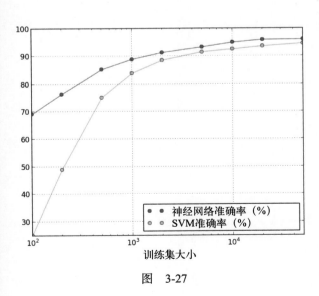

图 3-27

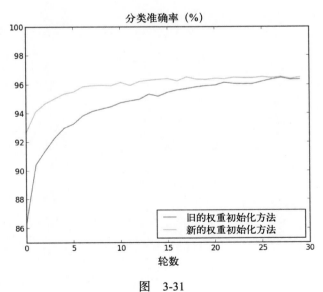

图 3-31

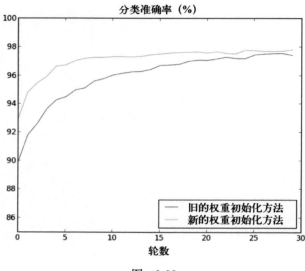

图 3-32

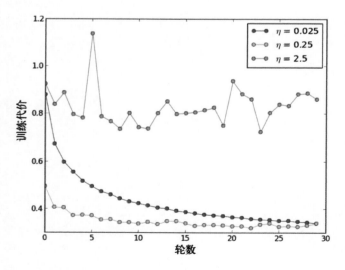

图 3-33

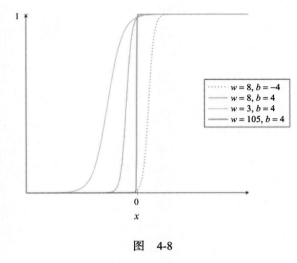

图　4-8

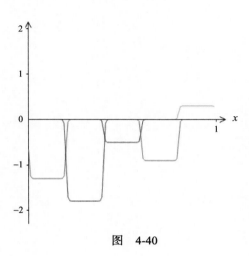

图　4-40

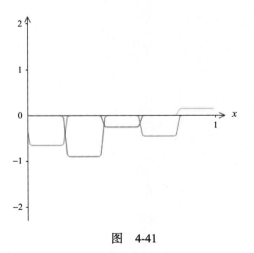

图　4-41

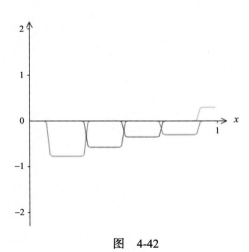

图　4-42

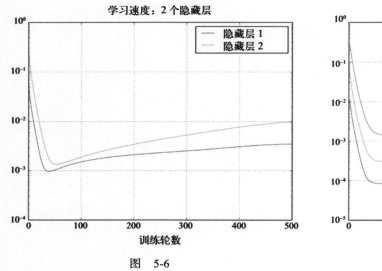

图　5-6

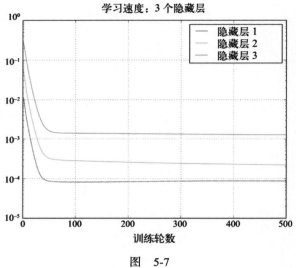

图　5-7

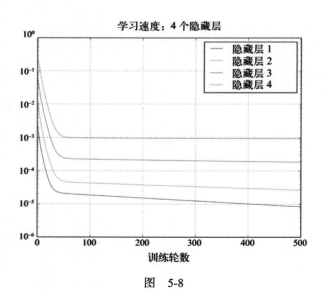

图　5-8

图灵程序设计丛书

Neural Networks
and Deep Learning

深入浅出
神经网络与
深度学习

[澳] 迈克尔·尼尔森（Michael Nielsen）◎著

朱小虎 ◎译

人民邮电出版社

北　京

图书在版编目（CIP）数据

深入浅出神经网络与深度学习 ／（澳）迈克尔·尼尔森（Michael Nielsen）著；朱小虎译. -- 北京：人民邮电出版社，2020.8
（图灵程序设计丛书）
ISBN 978-7-115-54209-0

Ⅰ. ①深… Ⅱ. ①迈… ②朱… Ⅲ. ①人工神经网络②机器学习 Ⅳ. ①TP183②TP181

中国版本图书馆CIP数据核字(2020)第099979号

内 容 提 要

本书深入讲解神经网络和深度学习技术，侧重于阐释深度学习的核心概念。作者以技术原理为导向，辅以贯穿全书的 MNIST 手写数字识别项目示例，介绍神经网络架构、反向传播算法、过拟合解决方案、卷积神经网络等内容，以及如何利用这些知识改进深度学习项目。学完本书后，读者将能够通过编写 Python 代码来解决复杂的模式识别问题。

本书适合深度学习研究人员和爱好者阅读。

◆ 著　　　　[澳] 迈克尔·尼尔森
　　译　　　　朱小虎
　　责任编辑　谢婷婷
　　责任印制　周昇亮
◆ 人民邮电出版社出版发行　　北京市丰台区成寿寺路11号
　　邮编　100164　　电子邮件　315@ptpress.com.cn
　　网址　https://www.ptpress.com.cn
　　北京九州迅驰传媒文化有限公司印刷
◆ 开本：800×1000　1/16　　彩插：2
　　印张：15　　　　　　　2020年8月第1版
　　字数：355千字　　　　2025年2月北京第18次印刷
　　著作权合同登记号　图字：01-2020-0212号

定价：89.00元
读者服务热线：(010)84084456-6009　印装质量热线：(010)81055316
反盗版热线：(010)81055315

本书赞誉

这是一本非常好的深度学习入门书，相信一定会得到大家的喜爱。

——李航

字节跳动科技有限公司人工智能实验室总监、ACL 会士、IEEE 会士、ACM 杰出科学家

这本书从神经网络和深度学习的基本原理入手，详细地解释了神经网络和深度学习的核心概念，以数字识别为例，介绍了具体的实现技术和编程细节，兼顾理论和实践，是深入了解神经网络和深度学习的一本好书。

——马少平

清华大学计算机系教授、博士生导师

这本书当年以连载的方式在网站上供读者免费阅读，我从看完第 1 章开始就被其深入浅出的文字以及清晰的代码实现所吸引，于是便开始"追读"，后来还将其列为我在哈工大开设的"深度学习技术"研究生课程的参考书。为了方便更多中国读者阅读这本书，朱小虎先生耗费了不少精力将其翻译为中文并开源，产生了广泛的影响。我所在的哈工大 SCIR 研究中心公众号于 2015 年也对中文版进行了连载，阅读量总计已超过 5 万。相信这本书的正式出版一定会让更多的读者受益。

——车万翔

哈尔滨工业大学计算机科学与技术学院信息检索研究中心教授、博士生导师

这是一本独特而有趣的神经网络入门书。它从图像分类的例子入手，一步步讲解概念、算法、代码及一些基本原理，最后还对实现通用人工智能进行了讨论。这本书的细致程度基本上做到了"手把手"教学，非常适合初学者，在顺利入门的同时还能激发进一步学习的兴趣。译者在翻译时也下了大量功夫，对代码的注释均进行了翻译。期待这本书能照亮更多人的人工智能之路。

——俞扬

南京大学人工智能学院教授、博士生导师

这是一位物理学家写的机器学习书，内容清晰易懂，对神经网络的描述也直观形象，非常适合用来入门神经网络和深度学习。

——邱锡鹏

复旦大学计算机学院教授、博士生导师

这是一本关于神经网络和深度学习的"亲近"易读的书，它将带领你轻松入门人工智能世界。

——张伟楠

上海交通大学计算机科学与工程系副教授、博士生导师

这本书深入浅出地介绍了神经网络的理论基础和技术发展，以及与深度学习之间的关系，是一本不可多得的好书。朱小虎先生本着开放开源的态度和精神，将此经典书翻译为中文，让更多的深度学习爱好者可以近距离了解其核心技术，译文语言流畅生动，通过丰富的示例和代码实践做到了知行合一。我向广大读者强烈推荐这本书。

——王昊奋

同济大学特聘研究员、OpenKG 联合创始人

如今的深度学习书多得令人眼花缭乱，有些是文字加公式，读起来枯燥无味，而这本量子物理学家笔下的好书以一个个生动的实例驱动你恨不得一口气读完！我推荐给那些希望迅速实现从0 到 1 的人工智能入门者。

——徐涵

华为欧洲研究院高级战略规划经理

译 者 序

我们已经进入 21 世纪的第三个十年，这也是人工智能领域飞速发展的新阶段。深度学习本身已经成为最基础的一种技术，相关的众多应用遍及各行各业。

我在研究生期间学习过神经网络，不过那时候相关的研究还仅限于科研领域，封藏在象牙塔里。虽然已有一些关于神经网络的书，但是由于其本身的特点，在当时并不受人关注。让我真正确立将深度学习作为自己重要努力方向的，是 2014 年在上海召开的信息与知识管理国际会议（CIKM）。在这次学术会议上，来自谷歌的 Jeff Dean 在 Keynote 报告中介绍了深度学习领域的发展，其中很多例子令人眼前一亮。或许是因为程序员的偶像效应，我立马开始了对深度学习的正式探索。那时候还没有太多英文书针对性地介绍深度学习，所以学习过程其实相当痛苦。在通过众多人工智能或者机器学习的书掌握了一定的深度学习知识之后，我接触到本书的英文版，并在读完后对很多问题有了清楚的认识。本书既包含基础的数学知识和神经网络理论，也包含具体的技术和编程细节。另外，书中加入了作者对智能本质的很多思考，帮助我培养了一种乐观的探索精神，这使它从众多相关主题的书中脱颖而出。之后，我经常将本书推荐给周围的同学和工作伙伴。

我希望更多的中国深度学习爱好者能够受益于这部品质上乘的作品，于是就开始了漫长的翻译之旅。这个过程前后经历了一年左右。之后，我将其开源，并发布在简书、UAI 人工智能公众号、GitHub 等程序员喜好的平台上。因为一些机缘巧合，我创立了专注于培养人工智能人才的教育机构 University AI，为企业提供人工智能培训和咨询服务。本书相应地成为了许多企业的指定教科书，受益者不仅有数万名技术人员，而且也有不少投资人和企业高管。University AI 开设了不同层次的人工智能课程，并不断地引进最先进的人工智能技术，曾为英特尔、华为、百度、上海交通大学等公司和高校开设人工智能前沿课程，目前在百度人工智能平台上提供了深度学习课程。感兴趣的读者可以在百度 AI Studio 上搜索"深度学习 14 种企业级实战"。

不久前，一名想入门深度学习的新人请我推荐一本书，我首先想到的便是本书。这是因为，它能如同火炬一般照亮你前进的道路。作者以其独特的阐述方式为本书赋予了有趣的灵魂。现在，我响应本书最后一章的号召——对真正的智能进行探索，正组建通用人工智能研究机构，希望能够不断突破人类认知的边界，找到打开智能大门的一把钥匙。我诚挚地邀请对此感兴趣的读者联系我，这将是另一段激动人心的旅途。

最后我想说的是，本书的引进过程真的很不容易（也有不少故事）。借此机会，我想感谢图灵公司帮助本书真正地出现在中国读者面前。

朱小虎

微信：workinian

电子邮箱：neil@universityai.com

前　　言

本书主题

本书将探讨以下两个主题。

❑ 神经网络：一种受生物学启发的编程范式，能够让计算机从可观测数据中学习。
❑ 深度学习：用于神经网络学习的一套强大的技术。

神经网络和深度学习是目前图像识别、语音识别和自然语言处理等领域中很多问题的最佳解决方案，本书将讲解神经网络和深度学习背后的核心概念。

内容设置

神经网络是最佳编程范式之一。传统的编程方法告诉计算机做什么，把大问题分解成许多小问题，明确定义任务，以便计算机执行。神经网络不直接告诉计算机如何解决问题，而让它从可观测数据中学习，让它自己找出解决问题的方法。

主动从数据中学习听上去很妙，然而直到 2006 年，除了一些特殊问题，神经网络仍未能超越传统方法。2006 年，名为"深度神经网络"的学习技术诞生，并引发了变革。现在，人们将这些技术称为"深度学习"。随着这些年的发展，如今深度神经网络和深度学习在计算机视觉、语音识别、自然语言处理等许多问题上表现不俗，已被谷歌、微软、Facebook 等公司大规模采用。

本书旨在介绍神经网络的核心概念和深度学习的现代技术，以及如何使用神经网络和深度学习解决复杂的模式识别问题。有了神经网络和深度学习的应用基础后，你可以将其用于解决实际问题。

以原理为导向

本书将细致阐释神经网络和深度学习的核心概念，而不是笼统地罗列想法。这些核心概念是理解其他新技术的基础，类比学习编程语言的话，这相当于掌握一种新语言的核心语法、库和数据结构。你可能只了解某一门编程语言的一小部分（许多编程语言的标准库非常庞大），但新的库和数据结构会容易理解。

这意味着本书不会重点讲授如何使用特定的神经网络库。如果你想学习某个程序库的用法，可以参考相关教程和文档。请注意，这样可能暂时解决了某些问题，然而如果想理解神经网络的运行机制，以及未来几年都不会过时的原理，那么只学习流行的程序库是不够的，还需要掌握神经网络的工作原理。技术兴衰起落，而原理是长久的。

注重实践

本书将通过解决具体问题——教计算机识别手写数字——来介绍神经网络和深度学习的核心理论。这个问题用常规方法解决的话非常困难，诉诸神经网络则简单得多，只需几十行代码，不涉及特别的库。此外，我们会通过多次迭代来改进程序，贯彻神经网络和深度学习的核心思想。

这意味着阅读本书需要拥有一定的编程经验，但你不必是专业程序员。本书代码是用 Python 编写的，Python 语法简单易学，新手也可以很快入门。我们将开发一个小型神经网络库，它可以用于试验和加强理解。本书代码下载地址为：https://github.com/mnielsen/neural-networks-and-deep-learning①。基于本书内容，你可以构建出一个功能完备的生产级神经网络库。

阅读本书需要一定的数学基础。很多章节涉及一些数学知识，但通常只是初等代数和函数图，大多数读者应该可以看懂；偶尔会涉及高等数学，但我已经组织好内容结构，即使不懂某些数学细节，也不妨碍对本书内容的整体理解。第 2 章涉及多元微积分和线性代数的些许内容，为了方便阅读，章首给出了指导。如果确实感到理解困难，可以直接跳到那一章的总结部分。无论如何，无须一开始就担心内容过难。

本书兼顾理论和实践。掌握神经网络的基本概念是很好的开端。我们将开发实际可用的代码，而不仅仅讨论抽象的理论，你可以探索和扩展这些代码。有了理论和实践的基础，你可以走得更远。

---

① 你可以直接访问本书中文版页面，下载本书项目的源代码：http://www.ituring.cn/book/2789（也可查看或提交勘误）。

——编者注

关于练习和问题

科技类图书的作者往往会呼吁读者要多做练习（exercise），多解决问题（problem），我对此不以为然。如果不这么做会有什么不良后果吗？当然不会，你省了时间，但会影响深入理解。有时这么做是值得的，有时却不然。

对于本书要怎么做呢？建议你尝试去做大部分练习，但不必去解决所有的问题。

你应该做大部分练习，因为这样做有助于你检验自己是否很好地理解了所学内容。如果你不能轻松完成一个练习，说明对基础知识掌握不牢。当然，如果偶尔一个练习困住了你，可能只是因为你对个别知识点理解有偏差，继续前行便会柳暗花明。但是如果感到大多数练习很难，那么就需要重温前面的内容了。

问题是另外一回事，解决问题比完成练习更难，往往需要付出更多努力。有的问题很棘手，当然，面对困境，耐心是加强理解和内化知识的唯一途径。

因此，不建议你去解决所有问题，自己开发项目会更好。也许你想用神经网络来分类曲目，或者预测股票价格。如果找到了一个感兴趣的项目，可以忽略本书中的问题，或者把它们简单地应用于自己的项目中。解决再多的问题，也不及钻研感兴趣的项目收获得多。兴趣是精通技艺的关键。

当然，当下你可能缺乏这样一个项目，这没有关系。解决本书中的问题可以激发动力，启发你找到自己的创新项目。

致谢

本书源于我为一个神经网络和深度学习的在线学习研讨会准备的一系列笔记。感谢研讨会的所有参与者——Paul Bloore、Chris Dawson、Andrew Doherty、Ilya Grigorik、Alex Kosorukoff、Chris Olah 和 Rob Spekkens，我从你们身上学到了很多。尤其感谢 Rob，他提出了如此多有见地的问题和想法；还有 Chris，他持续分享自己迅速掌握的神经网络知识。还要感谢 Yoshua Bengio，他阅读了其中一章并提供了反馈。

电子书

扫描如下二维码，即可购买本书电子版。

动态示例

扫描如下二维码，即可获取本书配套的动态示例。

目　　录

第 1 章

使用神经网络识别手写数字

人类的视觉系统堪称世界奇迹。看看如图 1-1 所示的手写数字序列。

图 1-1

大多数人能轻松认出这些数字是 504192，而这容易让我们忽视其背后的复杂性。人的大脑半球中有一个初级视觉皮层，常称为 V1，它包含约 1.4 亿个神经元，神经元间的连接有数百亿条。然而，人类的视觉系统并不只涉及 V1，还包括整个视觉皮层——V2、V3、V4 和 V5，它们进行更加复杂的图像处理。人脑就像一台超级计算机，历经数亿年的进化，最终能够很好地以视觉感知世界。识别手写数字并不简单。尽管人类非常擅长理解眼睛接收到的信息，但几乎所有的过程都是无意识的，所以我们通常体会不到自身视觉系统解决问题的困难程度。

如果尝试编写计算机程序来识别以上数字，就会发现视觉模式识别的复杂性，人类可以轻松完成的任务顿时变得困难重重。识别形状时，对于"数字 9 的上半部分是一个圈，右下部分是一条竖线"这样的简单直觉，实际上很难用算法表达出来。如果试着细化识别规则以提高准确度，很快就会出现各种异常和特殊的情形，似乎毫无希望。

神经网络以其他方式应对这个问题，其主要思路是获取大量手写数字——常称作**训练样本**，如图 1-2 所示，然后开发出一个系统，从这些训练样本中学习。换言之，神经网络使用样本来自动推断识别手写数字的规则。另外，通过增加训练样本的数量，神经网络可以学到关于手写数字的更多信息，这样就能够提升自身的准确度了。图 1-2 展示了 100 个用作训练样本的手写数字，而使用数千或者数百万甚至数十亿的训练样本，可以得到更好的手写数字识别器。

图 1-2

本章将实现一个可以识别手写数字的神经网络。这个程序仅有 74 行，并且不使用特别的神经网络库。然而，无须人类帮助，这个小型神经网络识别数字的准确率就能达到 96%。后文会介绍能将准确率提升至 99% 的技术。实际上，卓越的商业级神经网络已经被银行和邮局分别用于核查账单和识别地址了。

之所以关注手写数字识别问题，是因为它是神经网络研究中的原型问题。作为原型，它具备一个关键点——颇具挑战性。识别手写数字并不容易，但也没有难到需要极其复杂的解决方法，或者超大规模的计算资源。另外，由它发展出了一些高级技术，比如深度学习。因此，手写数字识别问题会贯穿本书。本书在后面会讨论如何将这些知识应用于其他计算机视觉问题以及语音识别、自然语言处理等领域。

当然，本章内容不仅仅限于编写一个计算机程序来识别手写数字。随着内容推进，我们将学习关于神经网络的很多关键思想，其中包括两种重要的人工神经元——感知机和 sigmoid 神经元，以及常用的神经网络学习算法——随机梯度下降算法。本书会着重解释原理，深入解析神经网络；详尽探讨，而不只是介绍一些基本技巧；最后会介绍深度学习及其重要性。

1.1 感知机

什么是神经网络？首先介绍一种名为**感知机**的人工神经元。20 世纪五六十年代，科学家 Frank Rosenblatt 发明了感知机，其受到了 Warren McCulloch 和 Walter Pitts 早期研究的影响。如今，人们普遍使用其他人工神经元模型。本书以及当代多数神经网络论著主要使用一种名为 **sigmoid 神经元**的神经元模型。稍后会介绍 sigmoid 神经元，但要理解 sigmoid 神经元的来由，需要先了解感知机。

感知机接收若干个二进制输入 $x_1, x_2, \cdots$，并生成一个二进制输出，如图 1-3 所示。

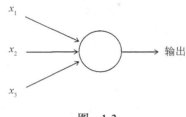

图　1-3

图 1-3 中的感知机有 3 个输入 x_1, x_2, x_3，一般来说输入还可以更多或更少。Rosenblatt 提出了一条计算输出的简单规则。他引入**权重** $w_1, w_2, \cdots$，用这些实数来表示输入对于输出的重要性。神经元的输出究竟是 0 还是 1，则由加权和 $\sum_j w_j x_j$ 小于或大于某个**阈值**来决定。类似于权重，阈值也是实数，且是神经元的一个参数。更精确的代数表示如下：

$$\text{输出} = \begin{cases} 0 & \text{若} \sum_j w_j x_j \leqslant \text{阈值} \\ 1 & \text{若} \sum_j w_j x_j > \text{阈值} \end{cases} \tag{1}$$

这就是感知机的运行机制。

可以将感知机看作根据权重来做决策的机器。下面举例说明，这并不是一个特别真实的例子，但是容易理解，稍后会给出更多实例。假设本周末你所在的城市有个奶酪节，你正好喜欢吃奶酪，考虑是否去看看。可以通过给以下 3 个因素设置权重来做出决定。

(1) 天气如何？

(2) 你的男朋友或女朋友会不会陪你去？

(3) 庆祝地点是否靠近公共交通站点？（假设你自己没有车。）

可以把这 3 个因素分别表示为二进制变量 x_1、x_2、x_3。如果天气好，则 $x_1 = 1$；如果天气不好，则 $x_1 = 0$。类似地，如果你的男朋友或女朋友同去，$x_2 = 1$，否则 $x_2 = 0$。同理，x_3 表示交通情况。

现在，假设你酷爱奶酪，即使你的男朋友或女朋友不感兴趣，而且不管多么大费周折，你都乐意去。也许你确实讨厌糟糕的天气，而且如果天气太糟你也没法出门。可以使用感知机来为这种决策建模。一种方式是为天气设置权重，令 $w_1 = 6$，其他条件为 $w_2 = 2$ 和 $w_3 = 2$。赋予 w_1 更大的值，表示天气状况的重要性超过男朋友或女朋友是否陪同和附近有无交通站点。最后，假设将感知机的阈值设为 5，这样就用感知机做出了决策模型：天气好就输出 1，天气不好则输出 0。

对于男朋友或女朋友是否同去，或者附近有无公共交通站点，输出其实没有差别。

通过调整权重和阈值，可以得到不同的决策模型。例如把阈值改为3，那么感知机会按照天气状况，并结合交通情况和男朋友或女朋友同行的意愿，来得出结果。换言之，调整阈值将得到不同的决策模型。降低阈值表示你更想去。

显然，感知机模型不能完全模拟人类决策，但这个例子展示了感知机如何通过权衡不同的因素来做出决策。可以想见，复杂的感知机网络能够做出更精细的决策，如图1-4所示。

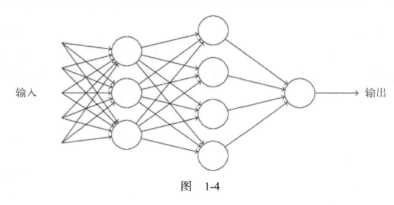

图　1-4

在如图1-4所示的网络中，第一列（第一层）感知机通过权衡输入做出3个非常简单的决策。第二层的感知机权衡第一层的决策结果并做出自己的决策，因此比第一层中的感知机做出的决策更复杂、更抽象。同理，第三层中的感知机能做出比之前更复杂的决策。通过这种方式，一个多层感知机网络可以做出复杂精巧的决策。

顺便提一下，前面定义感知机时说感知机只有一个输出，而图1-4中的感知机看上去似乎有多个输出。其实，它仍然只有一个输出图上感知机的多个输出箭头仅仅为了说明一个感知机的输出被其他感知机使用。跟把单个输出线条分叉相比，这样做更便于理解。

下面简化感知机的数学表达。条件$\sum_j w_j x_j >$阈值看上去有些冗长，可以更改两个符号来进行简化。首先把$\sum_j w_j x_j$改写成点乘，即$\boldsymbol{w} \cdot \boldsymbol{x} \equiv \sum_j w_j x_j$。其中，$\boldsymbol{w}$和$\boldsymbol{x}$分别对应权重和输入的向量。然后把阈值移到不等式的另一边，并用感知机的偏置$b \equiv -$阈值来代替。使用偏置而不是阈值，感知机的规则可以重写为：

$$输出 = \begin{cases} 0 & 若 \boldsymbol{w} \cdot \boldsymbol{x} + b \leqslant 0 \\ 1 & 若 \boldsymbol{w} \cdot \boldsymbol{x} + b > 0 \end{cases} \tag{2}$$

可以把偏置看作对让感知机输出 1（类似于生物学上的"激活感受器"）难易程度的估算。

对于一个具有很大偏置的感知机来说，输出 1 是很容易的；但如果偏置是一个非常小的负数，输出 1 则很困难。显然，引入偏置只是描述感知机的一个很小的变动，后面会看到它将更进一步地简化符号。因此，本书的后续部分不再使用阈值，而会使用偏置。

前面讲过，感知机通过权衡不同的因素来做出决策。感知机的另一种用法是执行基本的逻辑运算，例如 AND、OR、NAND。假设有个感知机接收两个输入，每个的权重为-2，整体的偏置为 3，如图 1-5 所示。

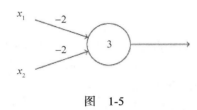

图　1-5

输入 00 会产生输出 1，这是因为 $(-2)*0+(-2)*0+3=3$ 是正数。这里用星号*来表示乘法。输入 11 会产生输出 0，这是因为 $(-2)*1+(-2)*1+3=-1$ 是负数。这样，感知机就实现了一个与非门！

与非门的例子表明，可以用感知机来执行简单的逻辑运算。实际上，可以用感知机网络来执行任何逻辑运算，这是因为与非门是通用的逻辑运算，用多个与非门可以构建出任何运算。例如，可以用与非门构建一个电路，它把两个二进制数 x_1 和 x_2 相加。这需要按位求和，$x_1 \oplus x_2$，并且当 x_1 和 x_2 都为 1 时进位设为 1，即进位正好是按位乘积 $x_1 x_2$，如图 1-6 所示。

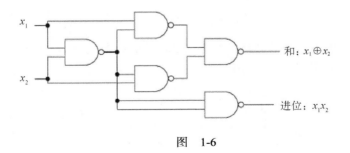

图　1-6

为了得到一个与之等价的感知机网络，可以把所有与非门替换为接收两个输入的感知机，并将每个输入对应的权重设为-2，将整体偏置设为 3。结果得到如图 1-7 所示的网络。请注意，右下的与非门移动了一点，这样做只是为了在图上更方便地画箭头。

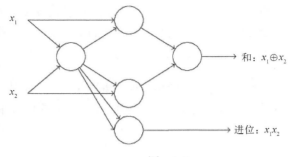

图   1-7

在这个感知机网络中，有一个部分值得注意：最左边的感知机的输出两次作为底部感知机的输入。前面定义感知机模型时，没有讲过是否允许这种双输出到同一处，实际上这并不重要。如果不想要这种形式，可以把两条线合并简化成一个权重为-4 的连接，而不是两个权重为-2 的连接。(如果这里不明白，需要停下来仔细思考。)改动之后，原先的网络变成如图 1-8 所示的这样，所有未标记的权重均为-2，所有偏置均为 3，标记的单个权重为-4。

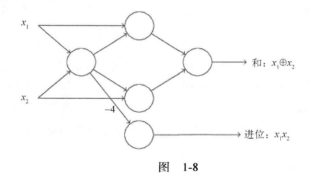

图   1-8

前面把 x_1 和 x_2 这样的输入画成感知机网络左边的浮动变量，实际上可以画一层额外的感知机——**输入层**，来对输入进行编码，如图 1-9 所示。

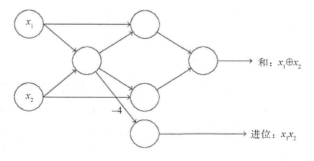

图   1-9

根据这种表示方法，感知机有一个输出，但没有输入，如图 1-10 所示。

图   1-10

这是一种简化，并不表示感知机没有输入。为了说明，假设确实有一个没有输入的感知机，那么加权和 $\sum_j w_j x_j$ 总会为 0，并且感知机在 $b>0$ 时输出 1，在 $b\leqslant 0$ 时输出 0。这样，感知机会简单输出一个固定值，而不是目标值（上例中的 x_1）。倒不如不要把输入感知机看作感知机，而是简单地定义为输出目标值的特殊单元 $x_1, x_2, \cdots$。

这个加法器例子演示了如何使用感知机网络模拟包含很多与非门的电路。鉴于与非门在计算中的通用性，可以想见感知机也具有通用性。

感知机在计算中的通用性既令人振奋，又令人失望。令人振奋是因为它表明感知机网络能像其他计算设备那样强大；令人失望的是，它看上去不过是一种新的与非门，并不像是重大突破。

然而，实际情况要好很多。我们可以设计**学习算法**来自动调整人工神经元的权重和偏置。这种调整可以自动响应外部刺激，而不需要程序员直接干预。这些学习算法让我们能够以跟传统逻辑门完全不同的方式使用人工神经元。有别于显式设计与非门或其他逻辑门，神经网络能轻松学会如何解决一些问题，这些问题有时很难直接用传统的电路设计来解决。

1.2   sigmoid 神经元

学习算法听上去很棒，但是如何为神经网络设计这样的算法呢？假设想用一个感知机网络来解决某个问题，例如网络的输入是手写数字的扫描图像，我们希望神经网络能学习权重和偏置，以正确分类这些数字。为了说明学习的工作方式，假设对网络中的权重（或者偏置）做微小的改动，而输出会发生微小的改变，如图 1-11 所示。很快你就会看到，这种调整有助于学习。（当然，这个网络对于手写数字识别来说还是太简单了。）

如果确实如此，那么可以通过修改权重和偏置来调整网络表现。假设神经网络错误地把一个“9”的图像分类为了“8”，我们可以计算如何修改权重和偏置，以使神经网络能够把图像分类为“9”。然后重复这项工作，反复改动权重和偏置来产生更好的输出。神经网络正是通过这种方式进行学习的。

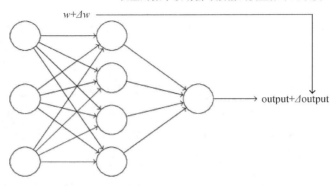

图　1-11

　　问题是，含有感知机的神经网络表现得并不理想。实际上，单个感知机上的权重或偏置的微小改动有时会导致输出完全翻转，比如 0 变为 1，进而引起神经网络其余部分的行为发生复杂的剧变。因此，虽然"9"可能被正确分类了，但神经网络对其他图像的判断很可能完全改变了，导致难以通过修改权重和偏置来提升神经网络的准确率。对此也许有一些巧妙的解决方法，但我们尚不清楚如何让感知机网络学习。

　　可以引入一种名为 **sigmoid 神经元**的人工神经元来解决这个问题。sigmoid 神经元和感知机类似，但是经过修改后，权重和偏置的微小改动只会引起输出发生微小变化，这对于让拥有 sigmoid 神经元的神经网络正常学习至关重要。

　　下面介绍 sigmoid 神经元。我们用描绘感知机的方式来描绘 sigmoid 神经元，如图 1-12 所示。

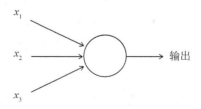

图　1-12

　　类似于感知机，sigmoid 神经元有多个输入 $x_1, x_2, \cdots$，但是这些输入可以取 0 到 1 的任意值，而不限于 0 或 1，例如 0.638... 就是 sigmoid 神经元的一个有效输入。同样，sigmoid 神经元对每个输入有权重 $w_1, w_2, \cdots$ 和一个总的偏置 b，但是输出不是 0 或 1，而是 $\sigma(w \cdot x + b)$，其中的 σ 被称为 sigmoid 函数[①]，定义如下：

$$\sigma(z) \equiv \frac{1}{1 + e^{-z}} \tag{3}$$

合起来更直观，一个具有输入 $x_1, x_2, \cdots$、权重 $w_1, w_2, \cdots$ 和偏置 b 的 sigmoid 神经元的输出如下：

$$\frac{1}{1 + \exp(-\sum_j w_j x_j - b)} \tag{4}$$

乍一看，sigmoid 神经元和感知机有很大的差别。如果不熟悉 sigmoid 函数的代数形式，会感觉它晦涩难懂。实际上，感知机和 sigmoid 神经元之间有很多相似之处，sigmoid 函数的代数形式更多是技术细节，而非理解障碍。

为了说明与感知机模型的相似性，假设 $z = w \cdot x + b$ 是一个很大的正数，那么 $e^{-z} \approx 0$ 而 $\sigma(z) \approx 1$，即当 $z = w \cdot x + b$ 很大且为正时，sigmoid 神经元的输出近似为 1，如同感知机。相反，假设 $z = w \cdot x + b$ 是一个很小的负数，那么 $e^{-z} \to \infty$ 且 $\sigma(z) \approx 0$。所以，当 $z = w \cdot x + b$ 是一个很小的负数时，sigmoid 神经元的行为也近似于感知机；只有在 $z = w \cdot x + b$ 取中间值时，sigmoid 神经元才会和感知机模型有较大的区别。

σ 的代数形式又是怎样的呢？如何理解它呢？实际上，σ 的精确形式不重要，重要的是用这个函数绘制的形状，如图 1-13 所示。

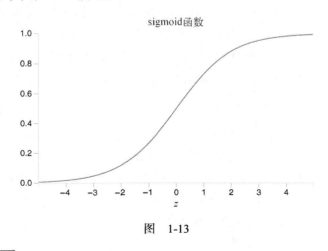

图　1-13

---

① 有时把 σ 称为 "logistic 函数"，并把这种新的神经元称为 "logistic 神经元"。这些术语被很多神经网络从业者使用，因此值得了解，但本书将继续使用 sigmoid 这个术语。

阶跃函数的平滑版本如图 1-14 所示。

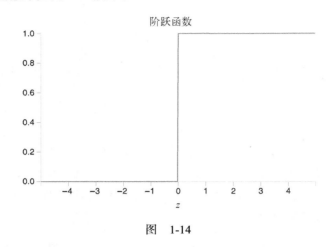

图 1-14

如果 σ 实际上是阶跃函数，既然输出取决于 $w \cdot x + b$ 是正还是负[①]，那么 sigmoid 神经元相当于一个感知机。利用实际的 sigmoid 函数，可以得到一个平滑的感知机。的确，关键因素是 sigmoid 函数的平滑特性，而不是其具体形式。σ 的平滑意味着权重和偏置的微小变化（ Δw_j 和 Δb ），会产生微小的输出变化 Δoutput 。实际上，利用微积分，Δoutput 可以近似地表示为：

$$\Delta\text{output} \approx \sum_j \frac{\partial \text{output}}{\partial w_j} \Delta w_j + \frac{\partial \text{output}}{\partial b} \Delta b \tag{5}$$

其中求和是对所有权重 w_j 进行的，而 $\partial \text{output} / \partial w_j$ 和 $\partial \text{output} / \partial b$ 分别表示输出对于 w_j 和 b 的偏导数。不熟悉偏导数也没有关系，上面的表达式貌似很复杂，实际上它的意思非常简单：Δoutput 是一个反映权重和偏置变化（ Δw_j 和 Δb ）的**线性函数**。利用该线性特性，可以微调权重和偏置的值，从而获得理想的输出变化。由于 sigmoid 神经元的行为在本质上与感知机类似，因此有助于我们了解权重和偏置的变化对输出值的影响。

如果对 σ 来说确切的形式不重要而形状重要，那为何方程(3)中的 σ 采用了特定的形式呢？实际上，后文将谈到一些神经元，对于其他**激活函数** $f(\cdot)$ ，它们会输出 $f(w \cdot x + b)$ 。如果使用不同的激活函数，最大的变化是方程(5)中用于偏导数的特定值会改变。事实证明，计算这些偏导数时，使用 σ 可以简化数学运算，因为在求导时指数的某些属性可以派上用场。无论如何，σ 广泛用于神经网络，而且是本书最常使用的激活函数。

---

① 实际上，当 $w \cdot x + b = 0$ 时，感知机输出 0，而阶跃函数输出 1，所以严格说来，需要修改阶跃函数。

　　如何理解 sigmoid 神经元的输出呢？显然，感知机和 sigmoid 神经元之间的一个很大的区别是 sigmoid 神经元不仅仅输出 0 或 1，它可以输出 0 到 1 的任何实数，所以 0.173...和 0.689...都是合理的输出。这非常有用，例如我们希望输出表示神经网络的图像像素的平均灰度。但有时这反而带来不便。假设我们希望神经网络的输出表示"输入图像是 9"或"输入图像不是 9"。显然，输出 0 或 1 是最简单的，就像使用感知机。但是在实践中，我们可以设立一个约定来解决这个问题，例如约定不小于 0.5 的输出表示"这是 9"，而小于 0.5 的输出表示"这不是 9"。本书在使用这样的约定时会指明，不会引起混淆。

练　　习

❑ **sigmoid 神经元模拟感知机，第一部分**

假设把一个感知机网络中的所有权重和偏置乘以一个正的常数 c，请证明该网络的行为不会改变。

❑ **sigmoid 神经元模拟感知机，第二部分**

还是上题中的感知机网络，同样假设所有输入被选中，这里不需要实际的输入值，仅仅需要固定这些输入。假设对于网络中任何感知机的输入 x，权重和偏置都符合 $w \cdot x + b \neq 0$，然后用 sigmoid 神经元替换网络中的所有感知机，并把权重和偏置乘以一个正的常数 c。请证明在 $c \to \infty$ 的极端情况下，sigmoid 神经元网络的行为和感知机网络的完全一致。当 $w \cdot x + b = 0$ 时为什么会不同？

1.3　神经网络的架构

　　稍后会介绍一个神经网络，可以用它来很好地对手写数字分类。在此之前，先解释神经网络中不同部分所用的术语。假设有如图 1-15 所示的神经网络。

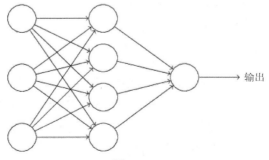

图　1-15

前面提过，神经网络中最左边的为**输入层**，其中的神经元称为**输入神经元**；最右边是**输出层**，包含**输出神经元**。在本例中，输出层只有一个神经元。由于中间层中的神经元既不是输入也不是输出，因此称为**隐藏层**。"隐藏"听上去有些神秘，我第一次听到这个词时，以为它涉及某些深奥的哲学或数学涵义，实际上它仅仅意味着"既非输入也非输出"。图 1-15 中的神经网络仅有一个隐藏层，而有些神经网络有多个隐藏层，例如图 1-16 中的四层神经网络有两个隐藏层。

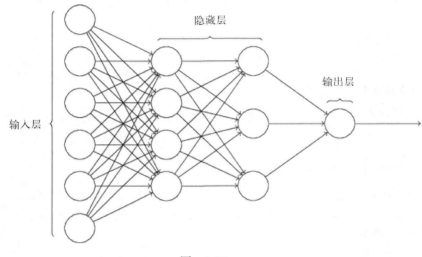

图   1-16

令人困惑的是，由于历史的原因，尽管这种多层神经网络是由 sigmoid 神经元而不是感知机构成的，但有时仍被称为**多层感知机**（multilayer perceptron，MLP），但本书不会使用这种称法，因为可能引起混淆，这里只做简单介绍。

设计神经网络的输入层和输出层通常比较简单，例如尝试确定一幅手写数字图像上写的是"9"。我们自然会想到对图像像素的灰度进行编码，作为输入神经元来设计神经网络。如果图像是一幅 64×64 的灰度图像，那么会需要 4096（64×64）个输入神经元，每个灰度在 0 和 1 之间取合适的值。输出层只需要包含一个神经元，当输出值小于 0.5 时表示"输入图像不是 9"，大于 0.5 的值则表示"输入图像是 9"。

相比于神经网络中的输入层和输出层，设计隐藏层堪比艺术创作，尤其是无法将隐藏层的设计流程总结为简单的经验法则。不过，神经网络研究人员已经针对隐藏层提出了许多设计法则，它们有助于控制神经网络的行为，使之符合预期，例如可以利用这些法则估算隐藏层数量和训练神经网络所需的时间。后面会介绍其中几条设计法则。

前面介绍的神经网络都以上一层的输出作为下一层的输入，这种神经网络叫作**前馈神经网络**。这意味着神经网络中是没有回路的，即信息总是向前传播，从不反向回馈。如果存在回路，最终会出现这样的状况：sigmoid 函数的输入依赖输出。这难以理解，所以不允许出现回路。

然而，一些人工神经网络模型可以包含反馈回路，这类模型被称为**循环神经网络**。其设计思想是部分神经元在休眠前会保持激活状态，这种激活状态可以刺激其他神经元，将其激活并保持一段时间，这样会导致更多神经元被激活。随着时间的推移，就会得到一个级联的神经元激活系统。因为一个神经元的输出在一段时间后而不是即刻影响其输入，所以在该模型中回路不会引起问题。

循环神经网络不及前馈神经网络的影响力大，部分原因是循环神经网络的学习算法（至少到目前为止）不够强大，但是循环神经网络仍然值得研究，因为其运行原理更接近人脑的工作原理。此外，循环神经网络能够解决一些重要的问题，而这些问题仅依靠前馈神经网络难以解决。篇幅所限，本书将着重介绍应用更广泛的前馈神经网络。

1.4 一个简单的神经网络：分类手写数字

定义好神经网络后，下面回到手写数字识别问题。可以把手写数字识别问题分成两个小问题。首先，我们希望把包含许多数字的图像分成一系列单独的图像，每幅图像包含单个数字。例如，把如图 1-17 所示的图像分成如图 1-18 所示的 6 幅图像。

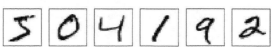

图   1-17

图   1-18

这个**分割问题**对于人类来说很简单，但对于计算机程序而言是个挑战。图像被分割后，程序需要把各个数字分类，例如我们希望程序能识别图 1-18 中的第一个数字，如图 1-19 所示。

图   1-19

下面通过编程解决第 2 个问题——把单独的数字分类，因为相对于找到分类单独数字的有效方法，分割问题要简单得多。分割图像的方法有很多，一种方法是尝试不同的分割方式，用数字分类器给每一个切分片段打分。如果数字分类器对每一个片段的置信度都比较高，那么这种分割方式会得到较高的分数；如果数字分类器在一个或多个片段上出现问题，那么这种分割方式就会得到较低的分数。其思路是，如果分类器出现问题，那么很可能是图像分割出错导致的。这种思想及其变体能够较好地解决分割问题。因此，与其费心于分割问题，不如专注于设计神经网络来解决更有趣也更难的问题——识别手写数字。

我们将使用一个三层神经网络来识别单个数字，如图 1-20 所示。

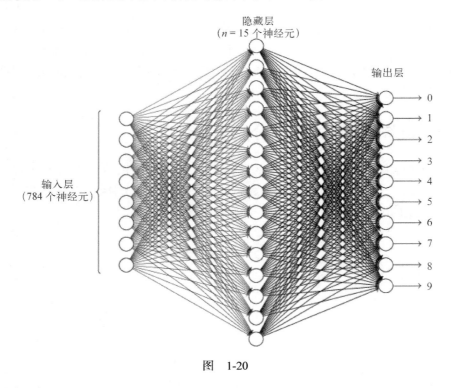

图   1-20

输入层包含对输入像素的值进行编码的神经元。稍后会介绍，神经网络所用的训练数据由很多扫描得到的手写数字图像组成（像素是 28×28），因此输入层共包含 784（28×28）个神经元。简单起见，图 1-20 忽略了大部分输入神经元。输入像素表示为灰度，值为 0.0 表示白色，值为 1.0 表示黑色，中间数值表示灰度。

神经网络的第 2 层是隐藏层，其中 n 表示神经元的数量，n 可以取不同的值。本示例的隐藏层仅包含 15 个神经元。

输出层包含 10 个神经元。如果第 0 个神经元被激活，即输出约为 1，则表明神经网络认为数字是一个"0"；如果第 1 个神经元被激活，则表明神经网络认为数字是一个"1"，以此类推。确切地说，我们把输出神经元的输出以 0~9 编号，并计算哪个神经元的激活值最大。如果编号为 6 的神经元被激活，那么说明神经网络猜测输入的数字为"6"，其他神经元的行为与之类似。

你可能会好奇为什么这里用了10个输出神经元，毕竟我们的目标是让神经网络能判断 0~9 中的哪个数字与输入图片匹配。一个看似更自然的方法是使用 4 个输出神经元，把每一个数字当作一个二进制值，看其输出更接近 0 还是 1。4 个神经元足以编码这个问题了，因为对于输入数字而言 $2^4 = 16$（大于10）。那么为什么要用 10 个神经元呢？这样做不会效率更低吗？这个决策是基于经验的：我们可以试验两种神经网络设计，结果证明对于这个特定的问题，含有 10 个输出神经元的神经网络比 4 个的识别效果更好。为什么含有10个输出神经元的神经网络更有效呢？是否有启发式方法能提前告知我们用 10 个输出编码比用 4 个输出编码更好呢？

为了理解其中的原因，需要从根本上理解神经网络的工作原理。首先考虑 10 个输出神经元的情况。第 0 个输出神经元通过分析来自隐藏层的信息来判断一个数字是否为 0。隐藏层的神经元有什么作用呢？假设隐藏层的第 1 个神经元只负责检测如图 1-21 的图像是否存在。

图　1-21

为了完成任务，该神经元给和此图像重叠部分的像素赋予大的权重，而给其他部分赋予小的权重。同理，可以假设隐藏层的第 2、第 3、第 4 个神经元分别负责检测如图 1-22 所示的图像是否存在。

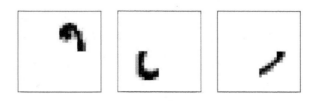

图　1-22

你也许猜到了，这 4 幅图像组合在一起就构成了前面给出的一行数字图像中的 0，如图 1-23 所示。

图　1-23

如果这 4 个隐藏神经元都被激活，那么可以推断出这个数字是 0。当然，这不是推断出 0 的唯一方式，有很多方法可以做到（例如对这些图像进行平移，或者稍微变形）。

假设神经网络以上述方式运行，那么有一个较为可信的理由可以解释为什么用 10 个输出而非 4 个：如果有 4 个输出，那么第 1 个输出神经元将设法判断数字的最高有效位是什么。数字的最高有效位与数字形状不容易联系到一起。很难想象一个数字的形状要素与其最高有效位有什么紧密联系。

前面所讲的只是一个启发式方法。不过，这个三层神经网络并非必须按照这种方式运行，即隐藏层用于检测数字的组成形状。可能先进的学习算法能找到一些合适的权重，使得仅用 4 个输出神经元即可。无论如何，本节介绍的启发式方法通常很有效，无须大量时间便能设计出一个不错的神经网络架构。

> **练　习**
>
> 在上述的三层神经网络中再加一层就能实现按位表示数字了。额外的这一层把前一层的输出转换为一个二进制表示，如图 1-24 所示。请为新的输出层寻找合适的权重和偏置。假定原先的三层神经网络在第 3 层（原先的输出层）得到正确输出的激活值至少为 0.99，得到错误输出的激活值至多为 0.01。

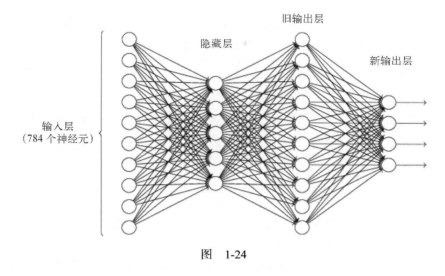

图　1-24

1.5　利用梯度下降算法进行学习

前面设计的神经网络如何学习识别数字呢？首先需要一个供学习使用的数据集——**训练数据集**，简称**训练集**。我们将使用 MNIST 数据集，它包含数以万计的手写数字扫描图像及其正确的分类信息。该数据集基于由 NIST（美国国家标准与技术研究院）收集的两个数据集改进后的子集。图 1-25 所示的图像就取自 MNIST 数据集。

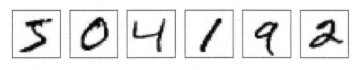

图　1-25

如图 1-25 所示，这些数字其实和本章开头提到的一样。当然，在测试神经网络时，我们将要求它识别训练集以外的图像。

MNIST 数据分为两部分。第一部分包含 60 000 幅用作训练数据的图像，这些图像扫描自 250 人的手写样本，其中一半人是美国人口普查局的员工，另一半人是高中生。这些图像是 28×28 大小的灰度图。第二部分是 10 000 幅用作测试数据的图像，也是 28×28 大小的灰度图。我们将用这些测试数据来评估神经网络识别数字的水平。为了保证测试结果，测试数据取自跟原始训练数据不同的另外 250 人（仍然是美国人口普查局员工和高中生）所写的数字，这样系统会尝试识别训练时未见过的手写数字。

我们用符号 x 表示训练输入。方便起见，把训练输入 x 看作 $28 \times 28 = 784$ 维的向量。向量中的每一项代表图像中单个像素的灰度值。我们用 $y = y(x)$ 表示对应的目标输出，其中 y 是一个 10 维向量。例如对于一个写成 "6" 的训练图像 x，神经网络的目标输出就是 $y(x) = (0,0,0,0,0,0,1,0,0,0)^{\mathrm{T}}$。注意，T 是转置操作，它把行向量转换成列向量。

我们希望有算法能找到合适的权重和偏置，使得神经网络的输出 $y(x)$ 能够拟合所有训练输入 x。为了量化实现过程，需要定义一个代价函数[①]：

$$C(w,b) \equiv \frac{1}{2n} \sum_x \| y(x) - a \|^2 \tag{6}$$

其中 w 表示神经网络中所有权重的集合，b 是所有偏置，n 是训练输入的数量，a 表示输入为 x 时输出的向量，求和则是对所有训练输入 x 进行的。当然，输出 a 取决于 x、w 和 b，但是为了保持符号简洁，没有明确指出这种依赖关系。$\|v\|$ 是向量 v 的长度函数。我们把 C 称为**二次代价函数**，也称均方误差（MSE）。观察二次代价函数的形式，可知 $C(w,b)$ 非负，这是因为求和方程中的每一项都是非负的。此外，确切地说，当对于所有训练输入 x，$y(x)$ 近似等于输出 a 时，代价函数 $C(w,b)$ 的值相当小，即 $C(w,b) \approx 0$。因此，如果学习算法能找到合适的权重和偏置，使得 $C(w,b) \approx 0$，它就能很好地工作；相反，当 $C(w,b)$ 很大时就不怎么好了，那意味着对于大量的输入，$y(x)$ 与输出 a 相差很大。因此，训练算法的目的是最小化代价函数 $C(w,b)$。换言之，我们想找到能让代价尽可能小的权重和偏置，这可以通过**梯度下降算法**来实现。

为什么要介绍二次代价函数呢？毕竟，我们起初感兴趣的不是能被正确分类的图像的数量吗？为什么不尝试直接最大化这个数量，而去最小化二次代价这个间接指标呢？这是因为在神经网络中，被正确分类的图像数量所涉权重和偏置的函数并不是平滑的函数。大多数情况下，权重和偏置的微小变动完全不会影响被正确分类的图像的数量。这会导致很难通过改变权重和偏置来提升表现，而用平滑代价函数（例如二次代价函数）能更好地通过微调权重和偏置来改善效果。这就是首先研究最小化二次代价的原因，只有这样，后面才能测试分类准确度。

了解了使用平滑代价函数的缘由，你可能还想知道方程(6)选择二次函数是否有什么特殊原因。选择不同的代价函数，得到的最小化的权重和偏置是否截然不同呢？这种疑问不无道理，后面会再讨论这个代价函数，并做一些修改。尽管如此，方程(6)中的二次代价函数有助于我们更好地理解神经网络中学习算法的基础，所以接下来还会使用它。

---

① 有时称作"损失函数"或"目标函数"。本书使用"代价函数"这个称法，其他称法常见于研究论文和一些关于神经网络的讨论。

　　重申一下，训练神经网络旨在找到能最小化二次代价函数 $C(w,b)$ 的权重和偏置。这是一个适定问题，但它的许多细节会分散我们的注意力，例如对权重 w 和偏置 b 的解释、晦涩难懂的 sigmoid 函数、神经网络架构的选择、MNIST 数据集，等等。事实证明可以忽略其中大部分，而专注于最小化。暂且忽略代价函数的具体形式、神经网络的连接，等等，只考虑最小化一个给定的多元函数。我们会使用一种名为**梯度下降**的技术来解决最小化问题，然后尝试将神经网络中的特定函数最小化。

　　假设要最小化某个函数 $C(v)$，它可以是任意的多元实值函数，其中 $v = v_1, v_2, \cdots$。注意，用 v 代替 w 和 b 是为了强调这可以是任意函数，而不局限于神经网络范畴。为了最小化 $C(v)$，想象 C 是一个只有两个变量 v_1 和 v_2 的函数，如图 1-26 所示。

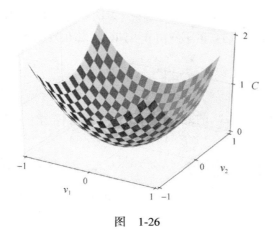

图　1-26

　　我们想找到 C 的全局最小值。当然，对于图 1-26 中的函数，一眼就能找到最小值，但这只意味着所展示的函数过于简单了。通常函数 C 会是一个复杂的多元函数，无法单凭看图找到最小值。

　　解决该问题的一种方法是用微积分来解析最小值。可以通过计算导数来寻找 C 的极值点。简单的话，C 只有一个或几个变量。变量过多的话就很复杂，而且神经网络中往往需要大量变量，超大规模神经网络的代价函数甚至依赖数亿权重和偏置，极其复杂，无法通过微积分来计算最小值[1]。

　　不能直接用微积分了，不过有个比喻可以启发我们找到有效的算法。首先把函数想象成一个

---

[1] 在声明可以假设函数 C 仅有两个变量后，前文两次提到如果函数变量多于两个要怎么办。我认为把 C 想象成二元函数有助于理解，尽管有时会遇到障碍，但这正是前面试图解决的问题。数学思考往往涉及想象，这是因为画面更直观，了解何时适用很重要。

山谷（参见图 1-26 就不难理解），设想有一个小球从山谷的斜坡滚落。日常经验告诉我们，这个小球最终会滚落到谷底，也许可以利用这一想法来找到函数的最小值。可以为假想的小球随机选择一个起始位置，然后模拟小球滚落到谷底的运动。可以通过计算 C 的导数（或者二阶导数）来简单地模拟，这些导数可以描述山谷的局部“形状”，以此获知小球的滚动情况。

你可能以为下面会引入牛顿运动定律，考虑摩擦力、重力等影响。实际上，我们不打算真的推导小球的滚落——我们是在设计一个最小化 C 的算法，而不是根据物理定律做精确的模拟。观察小球是为了激发想象，而不是束缚思维。因此，与其陷入物理学的烦琐细节，不如问自己：如果我们能够自己设置物理定律，支配小球的滚动方式，那么我们会运用什么运动规律来让小球总能滚落到谷底呢？

为了更精确地描述这个问题，思考一下，当在 v_1 方向和 v_2 方向分别将小球移动一个很小的量，即 Δv_1 和 Δv_2 时，小球会如何运动？运用微积分可知，C 将出现如下变化：

$$\Delta C \approx \frac{\partial C}{\partial v_1} \Delta v_1 + \frac{\partial C}{\partial v_2} \Delta v_2 \tag{7}$$

我们要寻找一种选择 Δv_1 和 Δv_2 的方法，使得 ΔC 为负，即选择它们是为了让小球滚落到谷底。对于如何选择，需要定义 Δv 为 v 变化的向量，$\Delta v \equiv (\Delta v_1, \Delta v_2)^T$，其中 T 是转置符号，用于将行向量转换成列向量。定义 C 的梯度为偏导数的向量，$\left(\frac{\partial C}{\partial v_1}, \frac{\partial C}{\partial v_2}\right)^T$。用 ∇C 表示梯度向量：

$$\nabla C \equiv \left(\frac{\partial C}{\partial v_1}, \frac{\partial C}{\partial v_2}\right)^T \tag{8}$$

我们会用 Δv 和梯度 ∇C 重写 ΔC 的变化。在这之前，先澄清一下关于梯度的一些令人困惑的地方。初次见到 ∇C 这个符号时，人们会想知道如何理解 ∇ 符号。∇ 究竟是什么意思？实际上，可以把 ∇C 看作简单的数学符号（前面定义的向量），这样就不必写两个符号了。如此看来，∇ 只是一个符号，它醒目地告诉你 ∇C 是一个梯度向量。数学上对于 ∇ 还有许多专业的解释（比如作为微分运算符），但这里不需要了解。

基于这些定义，可以把表达式(7)重写为：

$$\Delta C \approx \nabla C \cdot \Delta v \tag{9}$$

该表达式解释了将 ∇C 称作**梯度向量**的原因：∇C 把 v 的变化与 C 的变化相关联，正如我们所期望的用“梯度”来完成此事。但是这个方程真正的价值在于它显示了如何选取 Δv 以使 ΔC 为负。假设我们设定：

$$\Delta v = -\eta \nabla C \tag{10}$$

其中的 η 是一个很小的正数（称为**学习率**）。由方程(9)可知，$\Delta C \approx -\eta \nabla C \cdot \nabla C = -\eta \|\nabla C\|^2$。由于 $\|\nabla C\|^2 \geqslant 0$，因此 $\Delta C \leqslant 0$，即如果按照方程(10)的规则去改变 v，那么 C 会一直减小，不会增加——当然要在方程(9)的近似极限下——这正是我们想要的特性！因此方程(10)用于定义小球在梯度下降算法下的"运动定律"。也就是说，用方程(10)计算 Δv 的值，然后根据那个量来移动小球。

$$v \to v' = v - \eta \nabla C \tag{11}$$

然后再次用该更新规则进行下一次移动。如果反复这样做，C 将不断减小，直到达到全局最小值。

总结一下，梯度下降算法的工作方式就是重复计算梯度 ∇C，然后沿**相反**的方向移动，即沿着山谷"滚落"，情形如图 1-27 所示。

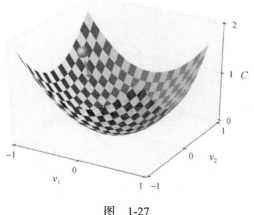

图　1-27

注意，遵循该规则的梯度下降并非模拟实际的物理运动。在现实中，小球的动量使得它可能滚动，甚至（短暂地）往山上滚。因为存在摩擦力，所以小球最终会滚到谷底。相比之下，采用 Δv 规则只是说："现在往下。"它仍然是寻找最小值的有效规则！

为了使梯度下降算法行之有效，需要选择足够小的学习率 η，以使方程(9)能得到很好的近似，否则 $\Delta C > 0$，这显然不好。此外，η 不宜太小，因为这会使 Δv 极小，梯度下降算法的效率会很低。在真正的实现中，η 通常是变化的，以使方程(9)保持很好的近似度，而算法效率又不会太低，稍后详述。

前面解释了具有两个变量的函数 C 的梯度下降。实际上，即使 C 是一个具有更多变量的函数，也能很好地工作。假设 C 是一个有 m 个变量 $(v_1, \cdots, v_m)$ 的多元函数，那么对于 C 中自变量的变化 $\Delta v = (\Delta v_1, \cdots, \Delta v_m)^{\mathrm{T}}$，$\Delta C$ 将会变为：

$$\Delta C \approx \nabla C \cdot \Delta v \tag{12}$$

其中梯度 ∇C 是向量。

$$\nabla C \equiv \left(\frac{\partial C}{\partial v_1}, \cdots, \frac{\partial C}{\partial v_m} \right)^{\mathrm{T}} \tag{13}$$

正如两个变量的情况，可以设定：

$$\Delta v = -\eta \nabla C \tag{14}$$

而且保证 ΔC 的近似表达式(12)为负。这有助于通过梯度达到最小值，即使 C 是任意的多元函数，也能重复运用更新规则

$$v \rightarrow v' = v - \eta \nabla C \tag{15}$$

可以把这个更新规则看作定义梯度下降算法。这相当于一种通过重复改变 v 来寻找函数 C 的最小值的方法。该规则并不总是有效的，有几处可能出错，使得无法通过梯度下降求得函数 C 的全局最小值，后面会详述。在实践中，梯度下降算法通常表现良好。在神经网络中，它是一种求代价函数最小值的有效方式，能帮助神经网络学习。

实际上，有人甚至认为梯度下降算法是求最小值的最佳策略。假设我们正努力通过改变 Δv 来让 C 尽可能地减小，这相当于最小化 $\Delta C \approx \nabla C \cdot \Delta v$。限制步长为某个小的固定值，$\epsilon > 0$，即 $\| \Delta v \| = \epsilon$。当步长固定时，要找到使得 C 减小最多的下降方向。可以证明，使得 $\nabla C \cdot \Delta v$ 取得最小值的 Δv 为 $\Delta v = -\eta \nabla C$，这里 $\eta = \epsilon / \| \nabla C \|$ 是由步长限制 $\| \Delta v \| = \epsilon$ 所决定的。因此，有人将梯度下降算法视为在 C 下降最快的方向上做小步变更的方法。

练 习

请证明以上论断。提示：可以利用柯西–施瓦茨不等式。

前面解释了 C 是二元函数或多元函数的情况。如果 C 是一元函数，会如何呢？请通过几何解释相应的梯度下降算法。

　　人们研究出了梯度下降算法的很多变体，其中一些能够更真实地模拟小球的物理运动。这些变体有很多优点，但有一个主要的缺点：最终必须计算 C 的二阶偏导，其代价非常大。为了说明为什么这种做法代价大，假设我们想求所有二阶偏导 $\partial^2 C / \partial v_j \partial v_k$，如果有上百万的变量 v_j，那么必须计算万亿级（百万次的平方）的二阶偏导①！这会产生巨大的计算代价。不过也有一些避免这类问题的技巧，寻找梯度下降算法的替代方法是很活跃的研究领域，但本书主要用梯度下降算法（及其变体）来让神经网络学习。

　　如何在神经网络中利用梯度下降算法进行学习呢？其思想是利用梯度下降算法寻找权重 w_k 和偏置 b_l，以使方程(6)的代价最小。为了说明工作原理，我们将用权重和偏置代替变量 v_j。也就是说，现在"位置"变量由 w_k 和 b_l 组成，梯度向量 ∇C 则由相应的 $\partial C / \partial w_k$ 和 $\partial C / \partial b_l$ 组成，因此梯度下降的更新规则为：

$$w_k \rightarrow w_k' = w_k - \eta \frac{\partial C}{\partial w_k} \tag{16}$$

$$b_l \rightarrow b_l' = b_l - \eta \frac{\partial C}{\partial b_l} \tag{17}$$

　　重复应用此更新规则就能"让小球滚下山"，并且有望找到代价函数的最小值。换言之，这条规则能让神经网络学习。

　　应用梯度下降规则有很多挑战，后文将深入讨论。现在有一个问题需要解决。为了搞清楚问题，首先回顾方程(6)中的二次代价函数。注意，该代价函数可写成 $C = \frac{1}{n} \sum_x C_x$，即它是每个训练样本的单独代价 $C_x \equiv \frac{\|y(x)-a\|^2}{2}$ 的平均值。在实践中，为了计算梯度 ∇C，需要为每个训练输入 x 单独计算梯度值 ∇C_x，然后求平均值，$\nabla C = \frac{1}{n} \sum_x \nabla C_x$。然而当训练输入的数量过多时会花费很长时间，进而导致学习变慢。

　　有种名为**随机梯度下降**的算法能够加速学习，其思想是通过随机选取少量训练输入样本来计算 ∇C_x，进而估算梯度 ∇C。通过计算少量样本的平均值，可以快速且较为准确地估算出实际的梯度 ∇C，这有助于加速梯度下降，进而加速学习过程。

　　确切地说，随机梯度下降通过随机选取少量的 m 个训练输入来工作。我们将这些随机的训练输入标记为 $X_1, X_2, \cdots, X_m$，并称之为一个小批量。假设样本数量 m 足够大，∇C_{X_j} 的平均值会大致等同于整个 ∇C_x 的平均值：

---

① 实际上，更接近万亿次的一半，这是因为 $\partial^2 C / \partial v_j \partial v_k = \partial^2 C / \partial v_k \partial v_j$。

$$\frac{\sum_{j=1}^{m} \nabla C_{X_j}}{m} \approx \frac{\sum_{x} \nabla C_x}{n} = \nabla C \tag{18}$$

其中第 2 处求和是对整个训练数据集进行的。交换两边可得：

$$\nabla C \approx \frac{1}{m} \sum_{j=1}^{m} \nabla C_{X_j} \tag{19}$$

这证实了可以通过仅计算随机选取的小批量数据的梯度来估算整体梯度。

为了将随机梯度下降和神经网络的学习更好地联系起来，假设 w_k 和 b_l 分别表示神经网络中的权重和偏置。随机梯度下降通过随机选取并训练输入的小批量数据来工作。

$$w_k \rightarrow w_k' = w_k - \frac{\eta}{m} \sum_j \frac{\partial C_{X_j}}{\partial w_k} \tag{20}$$

$$b_l \rightarrow b_l' = b_l - \frac{\eta}{m} \sum_j \frac{\partial C_{X_j}}{\partial b_l} \tag{21}$$

其中两处求和是对当前小批量数据中的所有训练样本 X_j 进行的。然后随机选取另一小批量数据去训练。用完所有训练输入就完成了一轮（epoch）训练，接着可以开始新一轮训练。

另外，值得一提的是，对于改变代价函数大小的参数以及用于计算权重和偏置的小批量数据的更新规则，会有不同的约定。在方程(6)中，通过因子 $1/n$ 来改变整个代价函数的大小。有时可以忽略 $1/n$，直接取单个训练样本的代价总和，而不是取平均值。这在不清楚训练数据量的情况下特别有效，例如训练数据大多是实时产生的。同样，小批量数据的更新规则(20)和(21)有时会舍弃前面的 $1/m$。这在概念上略有区别，因为它等同于改变了学习率 η 的大小。在对不同工作进行详细对比时需要留意。

可以把随机梯度下降想象成一次民意调查：在一个小批量数据集上采样比对完整的数据集进行梯度下降分析要容易得多，正如进行一次民意调查之于举行一次全民选举。例如有一个规模为 $n = 60\,000$ 的训练集，比如 MNIST 数据集，并选取小批量数据大小 $m = 10$，这意味着估算梯度的过程加速了 6000 倍！当然，这个估算并不是完美的，存在统计涨落，但是没必要完美。我们的目标是通过在某个方向上移动来减少 C，这意味着不需要精确计算梯度。在实践中，随机梯度下降是神经网络学习中广泛使用、特别有效的技术，它也是本书中大多数学习技术的基础。

练　习

梯度下降算法的一个极端版本是把小批量数据的大小设为 1，即假设有一个训练输入 x，按照规则 $w_k \to w_k' = w_k - \eta \partial C_x / \partial w_k$ 和 $b_l \to b_l' = b_l - \eta \partial C_x / \partial b_l$ 更新权重和偏置；然后选取另一个训练输入，再次更新权重和偏置，如此重复，这个过程称为**在线学习**或者**增量学习**。进行在线学习的神经网络一次只学习一个训练输入（类似于人类）。对比一个小批量输入（例如含 20 个输入）的随机梯度下降，尝试找出在线学习的优点和缺点。

下面讨论梯度下降中可能令人困惑的问题。在神经网络中，代价函数 C 是一个关于所有权重和偏置的多元函数，因此从某种意义上来说，就像在一个高维空间中定义了一个平面。有些人可能会担心："是不是必须想象其他维度？"他们甚至开始发愁："我想象不出四维空间，更不用说五维了。"是不是他们缺少顶尖数学家独有的超能力？当然不是，实际上大多数顶尖数学家也想象不出四维空间的样子，但他们善用其他方法进行阐释。如前所述，我们通过用代数（而非图像）阐述 ΔC 来计算如何让 C 减小。那些具备高维空间想象能力的人往往有着丰富的知识储备，代数便是其中之一。这些技术可能没有惯常思考三维空间那么简单，但当你构建起这样的知识储备之后，就能够从容应对更高的维度了。这里不再深入讨论，本书所讲的某些技术可能有点复杂，但大部分内容还是比较直观且容易理解的。

1.6　实现分类数字的神经网络

下面编写一个程序来学习如何识别手写数字，会用到随机梯度下降算法和 MNIST 训练数据。首先获取 MNIST 数据，可以使用 Git 克隆本书代码仓库：

```
git clone https://github.com/mnielsen/neural-networks-and-deep-learning.git
```

除此之外，也可以从随书下载的压缩包中找到数据和代码。

前面介绍 MNIST 数据时，提到它分为 60 000 幅训练图像和 10 000 幅测试图像，这是官方描述。这里用稍微不同的方法划分数据——测试集保持原样，但是将训练集分成两部分：一部分包含 50 000 幅图像，用于训练神经网络，其余 10 000 幅图像组成验证集。本章不使用验证集，但后文会介绍，它有助于设置神经网络中的某些**超参数**，例如学习率等，这些超参数不能由学习算法直接选择。尽管验证数据不是原始 MNIST 数据的一部分，但许多人以这种方式使用 MNIST 数据，而且验证数据在神经网络中很常用。后文在提到"MNIST 训练数据"时，指的都是图像数量为 50 000 幅的数据集，而不是图像数量为 60 000 幅的原始数据集[①]。

除了 MNIST 数据，还要用到 Python 库 NumPy，用于进行快速的线性代数运算。

在列出完整的代码清单之前，首先解释一下神经网络代码的核心特性。核心片段是一个 Network 类，表示一个神经网络。以下代码用于初始化一个 Network 对象：

```python
class Network(object):
    def __init__(self, sizes):
        self.num_layers = len(sizes)
        self.sizes = sizes
        self.biases = [np.random.randn(y, 1) for y in sizes[1:]]
        self.weights = [np.random.randn(y, x)
                        for x, y in zip(sizes[:-1], sizes[1:])]
```

在这段代码中，列表 sizes 包含各层神经元的数量。例如创建一个 Network 对象，其第一层有 2 个神经元，第二层有 3 个神经元，最后一层有 1 个神经元，代码如下所示：

```python
net = Network([2, 3, 1])
```

Network 对象中的偏置和权重都是随机初始化的，使用 NumPy 的 np.random.randn 函数生成均值为 0、标准差为 1 的高斯分布。这样的随机初始化相当于随机梯度下降算法的一个起点。后文会介绍更好的方法来初始化权重和偏置，但这里先随机将其初始化。注意，Network 初始化代码假设第一层神经元是一个输入层，并且不对其设置任何偏置，这是因为偏置仅在后面的层中用于计算输出。

另外需要注意，偏置和权重以 NumPy 矩阵列表的形式存储。例如，net.weights[1] 是一个存储着连接第 2 层和第 3 层神经元权重的 NumPy 矩阵。（之所以不是第 1 层和第 2 层，是因为 Python 列表的索引从 0 开始。）由于 net.weights[1] 相当冗长，因此可以用 w 表示矩阵。矩阵的 w_{jk} 是连接第 2 层第 k 个神经元和第 3 层第 j 个神经元的权重。j 和 k 的顺序可能略显奇怪——交换二者的顺序会更合理吗？使用这种顺序的一大优势是它意味着第 3 层神经元的激活向量是：

$$a' = \sigma(w \cdot a + b) \tag{22}$$

这个方程有点奇怪，下面展开分析。a 是第 2 层神经元的激活向量。为了得到 a'，用权重矩

---

① 如前所述，MNIST 数据集是基于由 NIST 收集的两个数据集而来的。为了构建 MNIST 数据集，Yann LeCun、Corinna Cortes 和 Christopher J. C. Burges 把 NIST 数据集拆分成了更简便的格式。本书代码仓库中的数据集易于在 Python 中加载和处理。

阵 w 乘以 a，加上偏置向量 b，然后对向量 $w \cdot a + b$ 中的每个元素应用函数 σ（将函数 σ 向量化），即可验证方程(22)的结果和之前用方程(4)计算 sigmoid 神经元输出的相同。

练　习

以分量形式写出方程(22)，并验证它和计算 sigmoid 神经元输出的规则(4)的结果相同。

基于此，很容易写出根据一个 Network 实例计算输出的代码。首先定义 sigmoid 函数：

```
def sigmoid(z):
    return 1.0/(1.0+np.exp(-z))
```

注意，当输入 z 是一个向量或 NumPy 数组时，NumPy 自动按元素应用函数 sigmoid，即以向量形式。

然后给 Network 类添加 feedforward 方法，对于给定输入 a，神经网络返回对应的输出[①]。该方法所做的是对每一层应用方程(22)。

```
def feedforward(self, a):
    """若 a 为输入，则返回输出。"""
    for b, w in zip(self.biases, self.weights):
        a = sigmoid(np.dot(w, a)+b)
    return a
```

当然，使用 Network 对象主要是为了学习，为此要应用一个实现随机梯度下降算法的 SGD 方法，代码如下。其中某些地方稍复杂，随后逐一分析。

```
def SGD(self, training_data, epochs, mini_batch_size, eta,
        test_data=None):
    """使用小批量随机梯度下降算法训练神经网络。training_data 是由训练输入和目标输出的元组(x, y)
    组成的列表。其他非可选参数容易理解。如果提供了 test_data，那么神经网络会在每轮训练结束后用
    测试数据进行评估，并输出部分进度信息。这对于追踪进度很有用，不过会延长整体处理时间。"""
    if test_data: n_test = len(test_data)
    n = len(training_data)
    for j in xrange(epochs):
        random.shuffle(training_data)
        mini_batches = [
            training_data[k:k+mini_batch_size]
```

---

① 这里假设输入 a 是一个 $(n, 1)$ 的 NumPy ndarray 数组，而不是一个 $(n,)$ 向量，其中 n 是神经网络的输入数量。如果尝试用一个 $(n,)$ 向量作为输入，会得到奇怪的结果。虽然使用 $(n,)$ 向量看似是更自然的选择，但是使用一个 $(n, 1)$ 的 ndarray 数组便于修改代码来实现同时前馈多个输入。

```
            for k in xrange(0, n, mini_batch_size)]
        for mini_batch in mini_batches:
            self.update_mini_batch(mini_batch, eta)
        if test_data:
            print "Epoch {0}: {1} / {2}".format(
                j, self.evaluate(test_data), n_test)
        else:
            print "Epoch {0} complete".format(j)
```

training_data 是一个(x, y)元组的列表，表示训练输入和对应的目标输出。变量 epochs 和 mini_batch_size 分别表示训练轮数和采样的小批量数据的大小，eta 是学习率 η。如果提供可选参数 test_data，那么程序会在每轮训练后评估神经网络，并输出部分进展。这有助于追踪进度，但会拖慢执行速度。

代码的原理如下：每轮首先随机将训练数据打乱，然后将其分成适当大小的多个小批量，这是一个从训练数据中随机采样的简单方法；然后对于每一个 mini_batch 应用一次梯度下降，这是通过代码 self.update_mini_batch(mini_batch, eta)实现的。它仅使用 mini_batch 中的训练数据，根据单次梯度下降的迭代来更新神经网络的权重和偏置。update_mini_batch 方法的代码如下：

```
def update_mini_batch(self, mini_batch, eta):
    """对一个小批量应用梯度下降算法和反向传播算法来更新神经网络的权重和偏置。mini_batch 是由若干
    元组(x, y)组成的列表，eta 是学习率。"""
    nabla_b = [np.zeros(b.shape) for b in self.biases]
    nabla_w = [np.zeros(w.shape) for w in self.weights]
    for x, y in mini_batch:
        delta_nabla_b, delta_nabla_w = self.backprop(x, y)
        nabla_b = [nb+dnb for nb, dnb in zip(nabla_b, delta_nabla_b)]
        nabla_w = [nw+dnw for nw, dnw in zip(nabla_w, delta_nabla_w)]
    self.weights = [w-(eta/len(mini_batch))*nw
                    for w, nw in zip(self.weights, nabla_w)]
    self.biases = [b-(eta/len(mini_batch))*nb
                    for b, nb in zip(self.biases, nabla_b)]
```

大部分工作由下面这行代码完成。

```
delta_nabla_b, delta_nabla_w = self.backprop(x, y)
```

这行代码调用了 backprop 方法，它是反向传播算法的实现。该算法用于快速计算代价函数的梯度。因此，update_mini_batch 的工作仅仅是对 mini_batch 中的每一个训练样本计算梯度，然后适当更新 self.weights 和 self.biases。

这里不会列出 self.backprop 的代码。第 2 章将介绍反向传播的原理，以及 self.backprop 的代码。这里假设它按照我们的要求工作，返回与训练样本 x 相关的代价函数的合适梯度。

下面看一下完整的程序，包括之前忽略的文档注释。除了 self.backprop，程序有了足够的文档注释，所有繁重工作都由 self.SGD 和 self.update_mini_batch 完成，这在前面提过了。self.backprop 方法利用额外的函数来协助计算梯度——用 sigmoid_prime 计算 **sigmoid** 函数的导数，以及 self.cost_derivative，这里不对它做过多描述。查看代码或文档注释可以了解其中的要点（或者细节），第 2 章将详细介绍它们。注意，虽然程序看起来很长，但很多内容是文档注释，用于解释代码。实际上，除去空格和注释，程序代码只有 74 行。

```python
"""
network.py
~~~~~~~~~~

该模块用于实现针对前馈神经网络的随机梯度下降算法。通过反向传播算法计算梯度。注意，这里着重于让代码
简单易读且易于修改，并没有进行优化，略去了不少可取的特性。
"""


#### 库
# 标准库
import random

# 第三方库
import numpy as np

class Network(object):

    def __init__(self, sizes):
        """列表 sizes 包含对应层的神经元的数目。如果列表是[2, 3, 1]，那么就是指一个三层神经网络，
        第一层有 2 个神经元，第二层有 3 个神经元，第三层有 1 个神经元。使用一个均值为 0、标准差为 1 的
        高斯分布随机初始化神经网络的偏置和权重。注意，假设第一层是一个输入层，一般不会对这些神经元
        设定任何偏置，这是因为偏置仅用于计算后面层的输出。"""
        self.num_layers = len(sizes)
        self.sizes = sizes
        self.biases = [np.random.randn(y, 1) for y in sizes[1:]]
        self.weights = [np.random.randn(y, x)
                        for x, y in zip(sizes[:-1], sizes[1:])]

    def feedforward(self, a):
        """若 a 为输入，则返回输出。"""
        for b, w in zip(self.biases, self.weights):
```

```
        a = sigmoid(np.dot(w, a)+b)
    return a

def SGD(self, training_data, epochs, mini_batch_size, eta,
        test_data=None):
    """使用小批量随机梯度下降算法训练神经网络。training_data 是由训练输入和目标输出的元组(x, y)
    组成的列表。其他非可选参数容易理解。如果提供了 test_data，那么神经网络会在每轮训练结束后用
    测试数据进行评估，并输出部分进度信息。这对于追踪进度很有用，不过会延长整体处理时间。"""
    if test_data: n_test = len(test_data)
    n = len(training_data)
    for j in xrange(epochs):
        random.shuffle(training_data)
        mini_batches = [
            training_data[k:k+mini_batch_size]
            for k in xrange(0, n, mini_batch_size)]
        for mini_batch in mini_batches:
            self.update_mini_batch(mini_batch, eta)
        if test_data:
            print "Epoch {0}: {1} / {2}".format(
                j, self.evaluate(test_data), n_test)
        else:
            print "Epoch {0} complete".format(j)

def update_mini_batch(self, mini_batch, eta):
    """对一个小批量应用梯度下降算法和反向传播算法来更新神经网络的权重和偏置。mini_batch 是由若干
    元组(x, y)组成的列表，eta 是学习率。"""
    nabla_b = [np.zeros(b.shape) for b in self.biases]
    nabla_w = [np.zeros(w.shape) for w in self.weights]
    for x, y in mini_batch:
        delta_nabla_b, delta_nabla_w = self.backprop(x, y)
        nabla_b = [nb+dnb for nb, dnb in zip(nabla_b, delta_nabla_b)]
        nabla_w = [nw+dnw for nw, dnw in zip(nabla_w, delta_nabla_w)]
    self.weights = [w-(eta/len(mini_batch))*nw
                    for w, nw in zip(self.weights, nabla_w)]
    self.biases = [b-(eta/len(mini_batch))*nb
                    for b, nb in zip(self.biases, nabla_b)]

def backprop(self, x, y):
    """返回一个表示代价函数 C_x 梯度的元组(nabla_b, nabla_w)。nabla_b 和 nabla_w 是一层接一层的
    numpy 数组的列表，类似于 self.biases 和 self.weights。"""
    nabla_b = [np.zeros(b.shape) for b in self.biases]
    nabla_w = [np.zeros(w.shape) for w in self.weights]
    # 前馈
```

```
        activation = x
        activations = [x] # 一层接一层地存放所有激活值
        zs = [] # 一层接一层地存放所有 z 向量
        for b, w in zip(self.biases, self.weights):
            z = np.dot(w, activation)+b
            zs.append(z)
            activation = sigmoid(z)
            activations.append(activation)
        # 反向传播
        delta = self.cost_derivative(activations[-1], y) * \
            sigmoid_prime(zs[-1])
        nabla_b[-1] = delta
        nabla_w[-1] = np.dot(delta, activations[-2].transpose())
        """注意，下面循环中的变量 l 和第 2 章的形式稍有不同。这里 l = 1 表示最后一层神经元，l = 2 则
        表示倒数第二层，以此类推。这是对书中方式的重编号，旨在利用 Python 列表的负索引功能。"""
        for l in xrange(2, self.num_layers):
            z = zs[-l]
            sp = sigmoid_prime(z)
            delta = np.dot(self.weights[-l+1].transpose(), delta) * sp
            nabla_b[-l] = delta
            nabla_w[-l] = np.dot(delta, activations[-l-1].transpose())
        return (nabla_b, nabla_w)

    def evaluate(self, test_data):
        """返回测试输入中神经网络输出正确结果的数目。注意，这里假设神经网络输出的是最后一层有着
        最大激活值的神经元的索引。"""
        test_results = [(np.argmax(self.feedforward(x)), y)
                        for (x, y) in test_data]
        return sum(int(x == y) for (x, y) in test_results)

    def cost_derivative(self, output_activations, y):
        """返回关于输出激活值的偏导数的向量。"""
        return (output_activations-y)

#### 其他函数
def sigmoid(z):
    """sigmoid 函数"""
    return 1.0/(1.0+np.exp(-z))

def sigmoid_prime(z):
    """sigmoid 函数的导数"""
    return sigmoid(z)*(1-sigmoid(z))
```

该程序识别手写数字的效果如何？首先加载 MNIST 数据，用下面一小段辅助程序 mnist_loader.py[1]来完成。在一个 Python shell 中执行如下命令：

```
>>> import mnist_loader
>>> training_data, validation_data, test_data = \
... mnist_loader.load_data_wrapper()
```

当然，这也可以用单独的 Python 程序来实现。如果跟随本书操作，用 Python shell 会更简便。

载入数据集后，设置神经网络有 30 个隐藏神经元。导入 Python 程序 network。

```
>>> import network
>>> net = network.Network([784, 30, 10])
```

最后，对 MNIST training_data 应用随机梯度下降学习 30 轮，小批量大小为 10，学习率 $\eta = 3.0$。

```
>>> net.SGD(training_data, 30, 10, 3.0, test_data=test_data)
```

注意，代码运行会花费一些时间。对于一台普通的计算机，运行时长可能达到几分钟。建议让它运行着，你继续阅读并时不时检查一下代码输出。如果你急于看到结果，可以尝试减少训练轮数或隐藏层神经元数量，或者只使用部分训练数据来提高速度。注意，这些 Python 脚本只是为了说明神经网络的工作方式，而非高性能的代码！当然，如果训练完毕，神经网络能在几乎任何计算平台上快速运行。例如，一旦神经网络学到了一组好的权重集和偏置集，就可以很容易地将其移植到 Web 浏览器中作为 JavaScript 运行，或者用作移动设备上的本地应用。以下是神经网络训练运行时的部分输出脚本。输出内容显示了每轮训练后神经网络能正确识别测试图像的数量。可以看到，仅仅一轮后，正确分类数便达到了 9129（总计 10 000），而且数目还在持续增长。

```
Epoch 0: 9129 / 10000
Epoch 1: 9295 / 10000
Epoch 2: 9348 / 10000
...
Epoch 27: 9528 / 10000
Epoch 28: 9542 / 10000
Epoch 29: 9534 / 10000
```

具体地说，神经网络受训后的识别率约为 95%，峰值为 95.42%（第 28 轮）！对于首次尝试，这个结果非常喜人。请注意，如果你运行代码所得的结果和本书不一致，那是因为我们使用了随机的权重和偏置来初始化神经网络。本章选用了 3 次运行中的最佳结果。

---

① 推荐使用 Python 3.5 项目库，网址：https://github.com/MichalDanielDobrzanski/DeepLearningPython35。——编者注

重新运行前面的试验，将隐藏神经元数量改为 100。如前所述，运行代码比较花时间（在我的计算机上，每轮训练耗时几十秒），因此比较明智的做法是在代码运行的同时继续阅读。

```
>>> net = network.Network([784, 100, 10])
>>> net.SGD(training_data, 30, 10, 3.0, test_data=test_data)
```

果然，识别率提升到了 **96.59%**。至少在这种情况下，使用更多隐藏神经元有助于提升识别率[①]。

当然，为了达到如此高的准确度，不得不选用特定的训练轮数、小批量大小和学习率 η。如前所述，在神经网络中把它们称为**超参数**，以区别于通过学习算法所学到的参数（权重和偏置）。如果选择了糟糕的超参数，结果会很差。假如选定学习率为 $\eta = 0.001$：

```
>>> net = network.Network([784, 100, 10])
>>> net.SGD(training_data, 30, 10, 0.001, test_data=test_data)
```

结果不太理想：

```
Epoch 0: 1139 / 10000
Epoch 1: 1136 / 10000
Epoch 2: 1135 / 10000
...
Epoch 27: 2101 / 10000
Epoch 28: 2123 / 10000
Epoch 29: 2142 / 10000
```

然而，可以看到神经网络的表现随着时间的推移慢慢地改善了。这表明应增大学习率，例如令 $\eta = 0.01$。这样做可以得到更好的结果，同时表明应该继续增大学习率。如果这样操作几次，最终会得到像 $\eta = 1.0$ 这样的学习率（或者调整到 3.0），这跟之前的试验很接近。因此，即使最初选择了糟糕的超参数，至少也能获得足够的信息来优化对于超参数的选择。

调试神经网络通常颇具挑战性，尤其是当初始超参数的选择导致结果不如随机噪声时更是如此。假如使用之前表现不错的具有 30 个隐藏神经元的架构，但将学习率改为 $\eta = 100.0$：

```
>>> net = network.Network([784, 30, 10])
>>> net.SGD(training_data, 30, 10, 100.0, test_data=test_data)
```

过犹不及，这个学习率太高了。

---

① 有读者反馈说试验结果有相当多的变化，而且一些训练运行的结果相当糟糕。运用第 3 章将介绍的技术将显著缩小进行不同训练时神经网络表现的差别。

```
Epoch 0: 1009 / 10000
Epoch 1: 1009 / 10000
Epoch 2: 1009 / 10000
Epoch 3: 1009 / 10000
...
Epoch 27: 982 / 10000
Epoch 28: 982 / 10000
Epoch 29: 982 / 10000
```

假设这是第一次遇到这种问题。当然，从之前的试验中可知正确的做法是降低学习率，但是如果第一次遇到这种问题，那么输出结果就不会有太多信息能指导行动。我们可能不仅关心学习率，还要关心神经网络中的其他部分。是否初始的权重和偏置让神经网络很难学习？是否没有足够的训练数据来实现有效的学习？是否训练没有执行足够的轮数？是否这种架构的神经网络无法学会识别手写数字？学习率可能太低或太高？在第一次遇到这种问题时，不会总是胸有成竹。

由此可知，调试神经网络并非无关紧要，而像编程一样是一门艺术，因此需要学习调试技巧来提升神经网络的表现。更普遍的是，需要运用启发式方法来选择好的超参数和架构。本书会持续讨论这些话题，包括如何选择超参数。

练 习

试着创建一个仅有两层的神经网络，一个输入层和一个输出层，分别有 784 个和 10 个神经元，没有隐藏层。用随机梯度下降算法训练该神经网络，识别率能达到多少？

前面省略了加载 MNIST 数据的细节，这很容易操作，下面列出完整的代码。用于存储 MNIST 数据的数据结构在文档注释中有详细描述，都是简单的类型，如元组和 NumPy ndarray 对象列表（如果不熟悉 ndarray，可以把它们看作向量）。

```
"""
mnist_loader
~~~~~~~~~~~~

一个加载 MNIST 图像数据的库。关于返回的数据结构的细节，参见 load_data 和 load_data_wrapper 的文档字符串。在实践中，load_data_wrapper 通常是神经网络代码调用的函数。
"""

#### 库
# 标准库
import cPickle
import gzip
```

```
# 第三方库
import numpy as np

def load_data():
    """以元组形式返回 MNIST 数据，包含训练数据、验证数据和测试数据。
```

返回的 training_data 是有两项的元组，第一项包含实际的训练图像，是一个有 50 000 项的 NumPy ndarray。
每一项是一个有着 784 个值的 NumPy ndarray，代表一幅 MNIST 图像中的 28×28=784 像素。

元组 training_data 的第二项是一个包含 50 000 项的 NumPy ndarray，这些项对应于元组第一项中包含的
图像数字（0~9）。

validation_data 和 test_data 类似，但图像仅有 10 000 幅。

这种数据格式很好，但在神经网络中，对 training_data 的格式进行微调很有用。这通过封装函数
load_data_wrapper() 完成，参见下面的代码。"""

```
    f = gzip.open('../data/mnist.pkl.gz', 'rb')
    training_data, validation_data, test_data = cPickle.load(f)
    f.close()
    return (training_data, validation_data, test_data)

def load_data_wrapper():
    """返回一个元组，包含(training_data, validation_data, test_data)。基于 load_data，但是这个格式更
```
便于实现神经网络。

training_data 是一个包含 50 000 个二元组(x, y)的列表，其中 x 是一个 784 维的 NumPy ndarray，对应输入
图像；y 是一个 10 维的 NumPy ndarray，表示对应 x 正确数字的单位向量。

validation_data 和 test_data 各包含 10 000 个二元组(x, y)，其中 x 是一个包含输入图像的 784 维的 NumPy
ndarray；y 是相应的分类，对应于 x 的值（整数）。

显然，这意味着训练数据、验证数据和测试数据采用不同的格式。这些格式对于神经网络代码来说是最
方便的。"""

```
    tr_d, va_d, te_d = load_data()
    training_inputs = [np.reshape(x, (784, 1)) for x in tr_d[0]]
    training_results = [vectorized_result(y) for y in tr_d[1]]
    training_data = zip(training_inputs, training_results)
    validation_inputs = [np.reshape(x, (784, 1)) for x in va_d[0]]
    validation_data = zip(validation_inputs, va_d[1])
    test_inputs = [np.reshape(x, (784, 1)) for x in te_d[0]]
    test_data = zip(test_inputs, te_d[1])
    return (training_data, validation_data, test_data)
```

```
def vectorized_result(j):
    """返回一个 10 维的单位向量，在第 j 个位置为 1.0，其余均为 0。这可以用于将一个数字（0~9）转换成
    神经网络的一个对应的目标输出。"""
    e = np.zeros((10, 1))
    e[j] = 1.0
    return e
```

前面提到程序取得了很好的结果。这意味着什么呢？和什么相比称得上好呢？用一些简单的
（非神经网络的）基线测试作为对比有助于评估神经网络的表现。最简单的基线当然是随机猜些
数字，那可能有 10%的次数是正确的，我们要争取超过它！

使用一个较差的基线会怎样？下面尝试一种极其简单的想法：看一幅图像有多么暗，例如 2
的图像通常要比 1 的图像稍暗，因为更多像素是黑的，如图 1-28 所示。

图　　1-28

这表明可以用训练数据来计算数字图像的平均明暗度。对于一幅新图像，首先计算其明暗度，
然后猜测它接近哪个数字的平均明暗度。这是一个简单的程序，而且容易编写代码，所以这里不
再赘述。如果你有兴趣，可以查看 GitHub 仓库中的代码。它和随机猜测相比有了很大的进步。
对于 10 000 幅测试图像，它猜中了 2225 幅，准确率为 22.25%。

有很多方法能将准确率提升至 20%~50%，甚至可以超过 50%。要想达到更高的准确率，可
以采用已被广泛认可的机器学习算法。下面尝试其中最著名的一种算法——支持向量机（support
vector machine，SVM）。不熟悉 SVM 也没有关系，这里不需要透彻理解 SVM 的工作机制。我们
将使用 Python 程序库 scikit-learn，它提供了一个简单的 Python 接口。通过该接口，可以使用专
为 SVM 开发的 LIBSVM，这是基于 C 语言的库，且运行速度快。

如果以默认设置运行 scikit-learn 的 SVM 分类器，那么对于 10 000 幅测试图像，它能准确分
类 9435 幅。这是很大的改善，远远好于基于明暗度的图像分类方法。确实，这意味着 SVM 几乎
和神经网络表现相当了。后文会介绍新技术，能够提升神经网络表现，使其超过 SVM。

然而实际情况没这么简单，9435/10 000 的结果基于 scikit-learn 针对 SVM 的默认设置。SVM
有很多可调参数，因此可以通过调整参数来提升表现。本书不会对此展开讨论，如果想了解更多，

可以参考 Andreas Mueller 的博客文章 "MNIST for ever"。Mueller 展示了一些优化 SVM 参数的方法，有可能把准确率提高至 98.5%。换言之，优化过的 SVM 误差率仅为 1/70。这已经非常好了，神经网络可以做得更好吗？

事实上是可以的。目前对于 MNIST 问题，精心设计的神经网络胜过其他技术，包括 SVM。2013 年的纪录是 10 000 幅图像中正确分类了 9979 幅，是由 Li Wan、Matthew Zeiler、Sixin Zhang、Yann LeCun 和 Rob Fergus 实现的。本书稍后将介绍他们所用的大部分技术。这已经接近人类的水平了，甚至可以说超过人类了。这是因为，有相当多的 MNIST 图像，连人类都没有把握识别，如图 1-29 所示。

图　1-29

这些数字确实很难辨认。考虑到 MNIST 数据集中有这样的图像，对于 10 000 幅测试图像，神经网络能准确识别除了 21 幅以外的其他所有图像，表现相当卓越。通常认为编程时解决类似于识别 MNIST 数字的问题需要复杂的算法，但即使是 Li Wan 等人的论文中用到的神经网络，也只涉及相当简单的算法和本章讲到的算法的变体。所有的复杂性都是神经网络自动从训练数据中学到的。在某种意义上，我们的结果和那些论文都表明，对于某些问题，以下不等式成立。

$$复杂的算法 \leq 简单的学习算法 + 好的训练数据$$

1.7　迈向深度学习

虽然前面设计的神经网络表现亮眼，但也伴随着一些迷雾。神经网络中的权重和偏置是被自动发现的，这意味着无法解释神经网络的运行机制和行为。能否找到一些方法来理解神经网络分类手写数字的原理？还有，这些原理有助于指导行为吗？

为了具象化这些问题，假设数十年后神经网络促成了真正的人工智能出现，那时我们能明白这种智能网络的工作机制吗？或许，因为权重和偏置是神经网络主动学到的，所以我们无法理解它的工作机制。在人工智能研究的早期阶段，人们希望在构建人工智能的同时，探究智能背后的机制以及人脑的运作机制，但结果可能是我们对二者都无法理解。

为了解决这些问题，我们重新思考一下章首给出的人工神经元的解释。假设要判断一幅图像是否包含人脸，如图 1-30[①]所示。

图   1-30

可以用解决手写数字识别问题的方法来解决这个问题：神经网络的输入是图像的像素，输出是单个神经元，用于表明"是，这包含人脸"或"不，这不包含人脸"。

假设采取这个方法，但接下来先不考虑学习算法，而是尝试设计一个神经网络，并为它选择合适的权重和偏置。要怎样做呢？暂时忽略神经网络，一个想法是将该问题分解成子问题：图像的左上角有一只眼睛吗？右上角有一只眼睛吗？中间有一个鼻子吗？中下部有一张嘴吗？上部有头发吗？诸如此类。

如果一些问题的答案为"是"，或者仅仅为"可能是"，那么可以得出结论：图中可能有一张人脸。相反，如果这些问题的大多数答案为"不是"，那么图中可能没有人脸。

当然，这仅仅是一个粗略的想法，它存在许多缺陷：也许有人是光头，也许图像仅仅呈现了脸的一部分，或者画面为特定角度，因此一些面部特征是模糊的。不过这个想法表明如果能够使用神经网络来解决这些子问题，也许可以将这些解决子问题的神经网络组合成一个能够检测人脸的神经网络。图 1-31 是一个参考架构，其中的方框代表子神经网络。注意，这不是人脸检测问题的实际解决方法，而是为了直观展现神经网络的运行原理。

---

① 照片来源：1. Ester Inbar；2. 未知；3. NASA, ESA, G. Illingworth, D. Magee, and P. Oesch (University of California, Santa Cruz), R. Bouwens (Leiden University), and the HUDF09 Team。

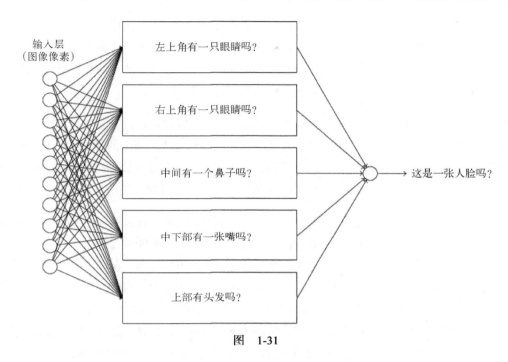

图　1-31

　　子神经网络可以继续分解。假设我们正在考虑以下问题："左上角有一只眼睛吗？"这可以分解为以下问题："有眉毛吗？""有睫毛吗？""有虹膜吗？"诸如此类。当然，这些问题也应该包含位置信息，例如"左上角、虹膜上方有眉毛吗？"但应保持问题简单，如图 1-32 所示。

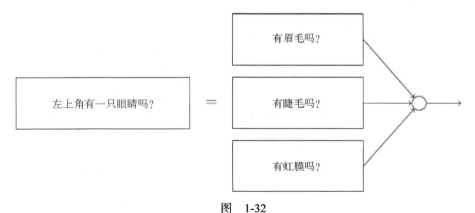

图　1-32

　　同样，这些子问题可以继续分解，并通过多个神经网络层传播得更远。最终，子神经网络可以回答那些只包含若干个像素点的简单问题。这些简单的问题可能是询问图像中的几个像素是否构成了非常简单的形状，而那些与图像中原始像素点相连的单个神经元可以作答。

最终的结果是，设计出的神经网络将一个非常复杂的问题（这张图像是否有一张人脸）分解成在单个像素层面就能回答的简单问题。它通过一系列多层结构来完成，在前面的层，它回答关于输入图像非常简单明确的问题；在后面的层，它建立了更加复杂和抽象的层次结构。包含这种多层结构（两层或更多隐藏层）的神经网络称为**深度神经网络**。

当然，前面没有提到如何递归地分解神经网络。手动设置权重和偏置无疑是不切实际的，而应使用学习算法来让神经网络主动从训练数据中学习权重和偏置（概念的层次结构）。20 世纪八九十年代的研究人员尝试使用随机梯度下降和反向传播来训练深度神经网络。然而，除了一些特殊的架构，效果并不理想。虽然神经网络能够学习，但是学习得非常缓慢，没有实用价值。

自 2006 年以来，人们已经开发出了一系列技术驱动深度神经网络学习。这些深度学习技术基于随机梯度下降和反向传播，并采纳了新的想法。这些技术已经能够训练更深、更大的神经网络——现在训练有 5～10 个隐藏层的神经网络很普遍。而且事实证明，在许多问题上，它们比那些浅层神经网络（例如仅有一个隐藏层的神经网络）表现更为出色。当然，原因是深度神经网络能够构建出复杂概念的层次结构。这有点像传统编程语言使用模块化的设计和抽象的思想来创建复杂的计算机程序。将深度神经网络与浅层神经网络进行对比，类似于将一个能够进行函数调用的编程语言与一个不能进行函数调用的精简语言进行对比。抽象在神经网络中的形式与传统的编程方式不同，但同样重要。

## 第 2 章

反向传播算法工作原理

第 1 章介绍了神经网络如何使用梯度下降算法来学习权重和偏置，但其中存在一个问题：没有讨论如何计算代价函数的梯度。本章会讲解计算这些梯度的快速算法——反向传播算法。

反向传播算法诞生于 20 世纪 70 年代，但直到 David Rumelhart、Geoffrey Hinton 和 Ronald Williams 于 1986 年发表了一篇著名的论文[1]，人们才意识到其重要性。这篇论文阐述了对于一些神经网络，反向传播算法比传统方法更快，这使得之前无法解决的问题可以诉诸神经网络。如今，反向传播算法已经成为神经网络学习的重要组成部分。

本章比其他章包含更多数学内容。如果你对数学不是特别感兴趣，可以跳过本章，将反向传播当成一个黑盒，忽略其中的细节。既然如此，为何要研究这些细节呢？

答案是为了加强理解。反向传播的核心是对代价函数 C 关于任何权重 w（或者偏置 b）的偏导数 $\partial C / \partial w$ 的表达式。该表达式用于计算改变权重和偏置时代价变化的快慢。尽管表达式有点复杂，但有其内在逻辑——每个元素都很直观。因此，反向传播不仅仅是一种快速的学习算法，实际上它还告诉我们如何通过改变权重和偏置来改变整个神经网络的行为，这也是学习反向传播细节的价值所在。

如前所述，你既可以阅读本章，也可以直接跳到下一章。即使把反向传播看作黑盒，也可以掌握书中的其余内容。当然，后文会涉及本章的结论。不过，对于这些知识点，即使你不了解推导细节，也应该能理解主要结论。

2.1 热身：使用矩阵快速计算输出

讨论反向传播前，首先介绍一下如何通过基于矩阵的算法来计算神经网络的输出。实际上，

---

[1] *Learning representations by back-propagating errors.*

1.6 节提到了这个算法，但未讨论细节，下面详述。这样做有助于你在熟悉的场景中理解反向传播中使用的矩阵表示。

首先给出神经网络中权重的清晰定义。w_{jk}^l 表示第 $(l-1)$ 层的第 k 个神经元到第 l 层第 j 个神经元的连接的权重。图 2-1 给出了神经网络中第 2 层的第 4 个神经元到第 3 层的第 2 个神经元的连接的权重。

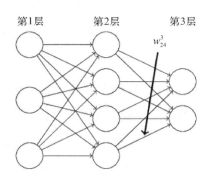

图　　2-1

这样的表示粗看上去比较奇怪，需要花一点时间消化。稍后你会发现这种表示方便且自然。下标 j 和 k 的顺序可能会引起困惑，有人觉得反过来更合理。下面介绍这样做的原因。

神经网络的偏置和激活值也使用类似的表示，用 b_j^l 表示第 l 层第 j 个神经元的偏置，用 a_j^l 表示第 l 层第 j 个神经元的激活值。图 2-2 清楚地展示了这种表示的含义。

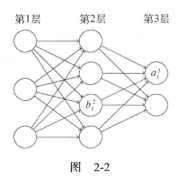

图　　2-2

有了这些表示，第 l 层第 j 个神经元的激活值 a_j^l 就和第 $(l-1)$ 层的激活值通过方程关联起来了（对比方程(4)和第 1 章的讨论）

$$a_j^l = \sigma\left(\sum_k w_{jk}^l a_k^{l-1} + b_j^l\right) \tag{23}$$

其中求和是对第(l–1)层的所有 k 个神经元进行的。为了以矩阵的形式重写该表达式，我们对层 l 定义一个权重矩阵 w^l，w^l 的元素正是连接到第 l 层神经元的权重，更确切地说，第 j 行第 k 列的元素是 w^l_{jk}。类似地，对层l定义一个偏置向量 b^l。由此可推导出偏置向量的分量其实就是前面给出的 b^l_j，每个元素对应第 l 层的每个神经元。然后定义激活向量 a^l，其分量是激活值 a^l_j。

最后需要引入向量化函数（比如 σ）来按照矩阵形式重写方程(23)。第 1 章提到过向量化，其含义就是对向量 v 中的每个元素应用函数（比如 σ）。我们使用 $\sigma(v)$ 来表示按元素应用函数。所以，$\sigma(v)$ 的每个元素满足 $\sigma(v)_j = \sigma(v_j)$。如果函数是 $f(x) = x^2$，那么向量化的 f 作用如下：

$$f\left(\begin{bmatrix} 2 \\ 3 \end{bmatrix}\right) = \begin{bmatrix} f(2) \\ f(3) \end{bmatrix} = \begin{bmatrix} 4 \\ 9 \end{bmatrix} \tag{24}$$

也就是说，向量化的 f 仅对向量的每个元素进行平方运算。

有了这些表示，方程(23)就可以写成简洁的向量形式了，如下所示：

$$a^l = \sigma(w^l a^{l-1} + b^l) \tag{25}$$

该表达式让我们能够以全局视角考虑每层的激活值和前一层激活值的关联方式：我们仅仅把权重矩阵应用于激活值，然后加上一个偏置向量，最后应用 sigmoid 函数[①]。这种全局视角比神经元层面的视角更简洁（没有用索引下标）。这样做既保证了清晰表达，又避免了使用下标。在实践中，表达式同样很有用，因为大多数矩阵库提供了实现矩阵乘法、向量加法和向量化的快捷方法。实际上，第 1 章的代码隐式地使用了这种表达式来计算神经网络的输出。

在使用方程(25)计算 a^l 的过程中，我们计算了中间量 $z^l \equiv w^l a^{l-1} + b^l$。这个中间量其实非常有用：我们将 z^l 称作第 l 层神经元的带权输入，稍后深入探究。方程(25)有时会写成带权输入的形式：$a^l = \sigma(z^l)$。此外，z^l 的分量为 $z^l_j = \sum_k w^l_{jk} a^{l-1}_k + b^l_j$，其实 z^l_j 就是第 l 层第 j 个神经元的激活函数的带权输入。

2.2 关于代价函数的两个假设

反向传播用于计算代价函数 C 关于 w 和 b 的偏导数 $\partial C / \partial w$ 和 $\partial C / \partial b$。为了利用反向传播，需要针对代价函数做出两个主要假设。在此之前，先看一个具体的代价函数。我们会使用第 1 章

---

① 其实，这就是不使用之前的下标表示（w^l_{jk}）的初因。如果用 j 来索引输入神经元，用 k 索引输出神经元，那么在方程(25)中需要对这里的矩阵进行转置。这个小的改变会带来麻烦，本可以简单地表述为"将权重矩阵应用于激活值"。

中的二次代价函数，参见方程(6)。按照前面给出的表示，二次代价函数的形式如下：

$$C = \frac{1}{2n} \sum_{x} \| \boldsymbol{y}(x) - \boldsymbol{a}^L(x) \|^2 \tag{26}$$

其中 n 是训练样本的总数，求和运算遍历了训练样本 x，$\boldsymbol{y} = \boldsymbol{y}(x)$ 是对应的目标输出，L 表示神经网络的层数，$\boldsymbol{a}^L = \boldsymbol{a}^L(x)$ 是当输入为 x 时神经网络输出的激活向量。

为了应用反向传播，需要对代价函数 C 做出什么前提假设呢？第一个假设是代价函数可以写成在每个训练样本 x 上的代价函数 C_x 的均值，即 $C = \frac{1}{n} \sum_x C_x$。这是关于二次代价函数的例子，对于其中每个单独的训练样本，其代价是 $C_x = \frac{1}{2} \| \boldsymbol{y} - \boldsymbol{a}^L \|^2$。对于书中提到的其他代价函数，该假设也成立。

需要这个假设的原因是反向传播实际上是对单独的训练样本计算了 $\partial C_x / \partial w$ 和 $\partial C_x / \partial b$，然后在所有训练样本上进行平均得到 $\partial C / \partial w$ 和 $\partial C / \partial b$。实际上，基于该假设，训练样本 x 相当于固定了，丢掉了下标，将代价函数 C_x 写成了 C。最终我们会把下标加上，但现在这样做是为了简化表示。

第二个假设就是代价函数可以写成神经网络输出的函数，如图 2-3 所示。

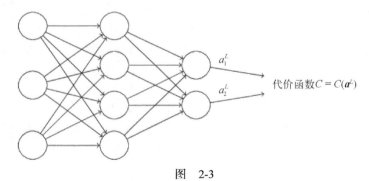

图 2-3

例如二次代价函数满足该要求，因为对于单独的训练样本 x，其二次代价函数可以写成：

$$C = \frac{1}{2} \| \boldsymbol{y} - \boldsymbol{a}^L \|^2 = \frac{1}{2} \sum_j (y_j - a_j^L)^2 \tag{27}$$

这是关于输出激活值的函数。当然，该代价函数还依赖目标输出 $\boldsymbol{y}$，你可能疑惑为什么不把代价函数也看作关于 $\boldsymbol{y}$ 的函数。记住，输入的训练样本 x 是固定的，所以输出 $\boldsymbol{y}$ 也是固定参数，尤其无法通过随意改变权重和偏置来改变它，即这不是神经网络学习的对象。所以，把 C 看成仅有输出激活值 $\boldsymbol{a}^L$ 的函数才是合理的，$\boldsymbol{y}$ 仅是协助定义函数的参数。

2.3 阿达马积 $s \odot t$

反向传播算法基于常规的线性代数运算，比如向量加法、向量矩阵乘法等，但是有一个运算不太常用。假设 s 和 t 是两个维度相同的向量，那么 $s \odot t$ 表示按元素的乘积。所以 $s \odot t$ 的元素就是 $(s \odot t)_j = s_j t_j$，举例如下：

$$\begin{bmatrix} 1 \\ 2 \end{bmatrix} \odot \begin{bmatrix} 3 \\ 4 \end{bmatrix} = \begin{bmatrix} 1*3 \\ 2*4 \end{bmatrix} = \begin{bmatrix} 3 \\ 8 \end{bmatrix} \tag{28}$$

这种按元素相乘有时称作**阿达马积**或**舒尔积**，本书采用前者。优秀的矩阵库通常会提供阿达马积的快速实现，在实现反向传播时易于使用。

2.4 反向传播的 4 个基本方程

其实反向传播考量的是如何更改权重和偏置以控制代价函数，其终极含义就是计算偏导数 $\partial C / \partial w_{jk}^l$ 和 $\partial C / \partial b_j^l$。为了计算这些值，首先需要引入中间量 δ_j^l，它是第 l 层第 j 个神经元上的误差。反向传播将给出计算误差 δ_j^l 的流程，然后将其与 $\partial C / \partial w_{jk}^l$ 和 $\partial C / \partial b_j^l$ 联系起来。

为了说明误差是如何定义的，设想神经网络中有个捣乱的家伙，如图 2-4 所示。

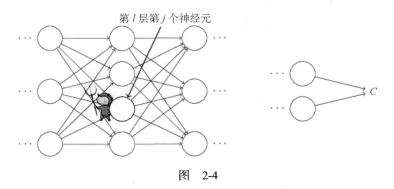

第 l 层第 j 个神经元

图 2-4

这个家伙在第 l 层的第 j 个神经元上。当输入进来时，它会扰乱神经元的操作。它会在神经元的带权输入上增加很小的变化 Δz_j^l，使得神经元输出由 $\sigma(z_j^l)$ 变成 $\sigma(z_j^l + \Delta z_j^l)$。这个变化会向后面的层传播，最终导致整个代价发生 $\partial C / \partial z_j^l \Delta z_j^l$ 的改变。

现在，这个家伙变好了，想帮忙优化代价函数，它试着寻找能让代价更小的 Δz_j^l。假设 $\partial C / \partial z_j^l$ 有一个很大的值（或正或负）。这个家伙可以通过选择跟 $\partial C / \partial z_j^l$ 符号相反的 Δz_j^l 来缩小代价。如

果 $\partial C / \partial z_j^l$ 接近 0，那么它并不能通过扰动带权输入 z_j^l 来缩小太多代价。对它而言，这时神经元已经很接近最优了[①]。这里可以得出具有启发性的认识——$\partial C / \partial z_j^l$ 是对神经元误差的度量。按照前面的描述，把第 l 层第 j 个神经元上的误差 δ_j^l 定义为：

$$\delta_j^l \equiv \frac{\partial C}{\partial z_j^l} \tag{29}$$

按照惯例，用 δ^l 表示与第 l 层相关的误差向量。可以利用反向传播计算每一层的 δ^l，然后将这些误差与实际需要的量 $\partial C / \partial w_{jk}^l$ 和 $\partial C / \partial b_j^l$ 关联起来。

你可能想知道这个家伙为何改变带权输入 z_j^l。把它想象成改变输出激活值 a_j^l 肯定更自然，这样就可以使用 $\partial C / \partial z_j^l$ 度量误差了。这样做的话，其实和下面要讨论的差不多，但前面的方法会让反向传播在代数运算上变得比较复杂，所以这里使用 $\delta_j^l = \partial C / \partial z_j^l$ 作为对误差的度量[②]。

解决方案：反向传播基于 4 个基本方程，利用它们可以计算误差 δ^l 和代价函数的梯度。下面列出这 4 个方程，但请注意，你不需要立刻理解这些方程。实际上，反向传播方程的内容很多，完全理解相当需要时间和耐心。当然，这样的付出有着巨大的回报。因此，对这些内容的讨论仅仅是正确掌握这些方程的开始。

探讨这些方程的流程如下：首先给出这些方程的简短证明，然后以伪代码的方式给出这些方程的算法表示，并展示如何将这些伪代码转化成可执行的 Python 代码。本章最后将直观展现反向传播方程的含义，以及如何从零开始认识这个规律。根据该方法，我们会经常提及这 4 个基本方程。随着理解的加深，这些方程看起来会更合理、更美妙、更自然。

关于输出层误差的方程，δ^L 分量表示为：

$$\delta_j^L = \frac{\partial C}{\partial a_j^L} \sigma'(z_j^L) \tag{BP1}$$

这个表达式非常自然。右边第一项 $\partial C / \partial a_j^L$ 表示代价随第 j 个输出激活值的变化而变化的速度。假如 C 不太依赖特定的输出神经元 j，那么 δ_j^L 就会很小，这也是我们想要的效果。右边第二项 $\sigma'(z_j^L)$ 描述了激活函数 σ 在 z_j^L 处的变化速度。

---

① 这里需要注意的是，只有在 Δz_j^l 很小时才满足，需要假设这个家伙只能进行微调。

② 在分类问题中，误差有时会用作分类的错误率。如果神经网络分类的正确率为 96.0%，那么其误差就是 4.0%。显然，这和前面提到的误差相差较大。在实际应用中，这两种含义易于区分。

值得注意的是，方程(BP1)中的每个部分都很好计算。具体地说，在计算神经网络行为时计算 z_j^l，仅需一点点额外工作就可以计算 $\sigma'(z_j^l)$。当然，$\partial C / \partial a_j^l$ 取决于代价函数的形式。然而，给定代价函数，计算 $\partial C / \partial a_j^l$ 就没有什么大问题了。如果使用二次代价函数，那么 $C = \frac{1}{2} \sum_j (y_j - a_j^l)^2$，所以 $\partial C / \partial a_j^l = (a_j^l - y_j)$，显然很容易计算。

对 δ^L 来说，方程(BP1)是个分量形式的表达式。这个表达式非常好，但不是理想形式（我们希望用矩阵表示）。以矩阵形式重写方程其实很简单：

$$\delta^L = \nabla_a C \odot \sigma'(z^L) \tag{BP1a}$$

其中的 $\nabla_a C$ 定义为一个向量，其分量是偏导数 $\partial C / \partial a_j^l$。可以把 $\nabla_a C$ 看作 C 关于输出激活值的变化速度。显然，方程(BP1)和方程(BP1a)等价，所以下面用方程(BP1)表示这两个方程。例如对于二次代价函数，有 $\nabla_a C = (a^L - y)$，所以方程(BP1)的整个矩阵形式如下：

$$\delta^L = (a^L - y) \odot \sigma'(z^L) \tag{30}$$

如上所示，该方程中的每一项都有很好的向量形式，因此便于使用 NumPy 或其他矩阵库进行计算。

使用下一层的误差 δ^{l+1} 来表示当前层的误差 δ^l，有：

$$\delta^l = ((w^{l+1})^{\mathrm{T}} \delta^{l+1}) \odot \sigma'(z^l) \tag{BP2}$$

其中 $(w^{l+1})^{\mathrm{T}}$ 是第(l+1)层权重矩阵 w^{l+1} 的转置。该方程看上去有些复杂，但每个组成元素都解释得通。假设我们知道第(l+1)层的误差 δ^{l+1}，当应用转置的权重矩阵 $(w^{l+1})^{\mathrm{T}}$ 时，可以凭直觉把它看作在沿着神经网络反向移动误差，以此度量第 l 层输出的误差；然后计算阿达马积 $\odot \sigma'(z^l)$，这会让误差通过第 l 层的激活函数反向传播回来并给出第 l 层的带权输入的误差 δ^l。

通过组合(BP1)和(BP2)，可以计算任何层的误差 δ^l。首先使用方程(BP1)计算 δ^L，然后使用方程(BP2)计算 δ^{L-1}，接着再次用方程(BP2)计算 δ^{L-2}，如此一步一步地在神经网络中反向传播。

对于神经网络中的任意偏置，代价函数的变化率如下：

$$\frac{\partial C}{\partial b_j^l} = \delta_j^l \tag{BP3}$$

也就是说，误差 δ_j^l 和变化率 $\partial C / \partial b_j^l$ 完全一致。该性质很棒，由于(BP1)和(BP2)给出了计算 δ_j^l 的方式，因此可以将(BP3)简写为：

$$\frac{\partial C}{\partial b} = \delta \tag{31}$$

其中 δ 和偏置 b 都是针对同一个神经元的。

对于神经网络中的任意权重，代价函数的变化率如下：

$$\frac{\partial C}{\partial w_{jk}^l} = a_k^{l-1} \delta_j^l \tag{BP4}$$

由此可以计算偏导数 $\partial C / \partial w_{jk}^l$，其中 δ^l 和 a^{l-1} 这些量的计算方式已经给出，因此可以用更少的下标重写方程，如下所示：

$$\frac{\partial C}{\partial w} = a_{in} \delta_{out} \tag{32}$$

其中 a_{in} 是输入到权重 w 的神经元的激活值，δ_{out} 是权重 w 输出的神经元的误差。仔细看看权重 w，还有与之相连的两个神经元，如图 2-5 所示。

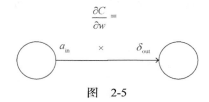

图　2-5

方程(32)的一个优点是，如果激活值 a_{in} 很小，即 $a_{in} \approx 0$，那么梯度 $\partial C / \partial w$ 的值也会很小。这意味着权重学习缓慢，受梯度下降的影响不大。换言之，方程(BP4)的一个结果就是小激活值神经元的权重学习会非常缓慢。

以上 4 个基本方程还有其他地方值得研究。下面从输出层开始，先看看(BP1)中的项 $\sigma'(z_j^L)$。回顾一下 sigmoid 函数的图像（详见第 1 章），当 $\sigma(z_j^L)$ 近似为0或1时，sigmoid 函数变得非常平缓，这时 $\sigma'(z_j^L) \approx 0$。因此，如果输出神经元处于小激活值（约为 0）或者大激活值（约为 1）时，最终层的权重学习会非常缓慢。这时可以说输出神经元已经**饱和**了，并且，权重学习也会终止（或者学习非常缓慢），输出神经元的偏置也与之类似。

前面的层也有类似的特点，尤其注意(BP2)中的项 $\sigma'(z^l)$，这表示如果神经元已经接近饱和，那么 δ_j^l 很可能变小。这就导致输入到已饱和神经元的任何权重都学习缓慢[①]。

---

① 如果 $(w^{l+1})^T \delta^{l+1}$ 足够大，能够弥补 $\sigma'(z_j^l)$ 的话，这里的推导就不成立了，但上面是常见的情形。

总结一下，前面讲到，如果输入神经元激活值很小，或者输出神经元已经饱和，权重学习会很缓慢。

这些观测并不出乎意料，它们有助于完善神经网络学习背后的思维模型，而且，这种推断方式可以挪用他处。4 个基本方程其实对任何激活函数都是成立的（稍后将证明，推断本身与任何具体的代价函数无关），因此可以使用这些方程来设计有特定学习属性的激活函数。例如我们准备找一个非 sigmoid 激活函数 σ，使得 σ' 总为正，而且不会趋近 0。这可以避免原始的 sigmoid 神经元饱和时学习速度下降的问题。后文会探讨对激活函数的这类修改。牢记这 4 个基本方程（见图 2-6）有助于了解为何进行某些尝试，以及这些尝试的影响。

总结：反向传播方程

$$\boldsymbol{\delta}^L = \nabla_a \boldsymbol{C} \odot \sigma'(z^L) \tag{BP1}$$

$$\boldsymbol{\delta}^l = ((\boldsymbol{w}^{l+1})^{\mathrm{T}} \boldsymbol{\delta}^{l+1}) \odot \sigma'(z^l) \tag{BP2}$$

$$\frac{\partial C}{\partial b_j^l} = \delta_j^l \tag{BP3}$$

$$\frac{\partial C}{\partial w_{jk}^l} = a_k^{l-1} \delta_j^l \tag{BP4}$$

图 2-6

问 题

□ **反向传播方程的另一种表示方式**：前面给出了使用阿达马积的反向传播方程，尤其是(BP1)和(BP2)。如果你对这种特殊的乘积不熟悉，可能会有一些困惑。还有一种表示方式——基于传统的矩阵乘法，某些读者可以从中获得启发。

(1) 证明(BP1)可以写成：

$$\boldsymbol{\delta}^L = \Sigma'(z^L) \nabla_a \boldsymbol{C} \tag{33}$$

其中 $\Sigma'(z^L)$ 是一个方阵，其对角线的元素是 $\sigma'(z_j^l)$，其他的元素均为 0。注意，该矩阵通过一般的矩阵乘法作用于 $\nabla_a \boldsymbol{C}$。

(2) 证明(BP2)可以写成：

$$\boldsymbol{\delta}^l = \Sigma'(z^l)(\boldsymbol{w}^{l+1})^{\mathrm{T}} \boldsymbol{\delta}^{l+1} \tag{34}$$

(3) 结合(1)和(2)证明：

$$\boldsymbol{\delta}^l = \Sigma'(z^l)(\boldsymbol{w}^{l+1})^{\mathrm{T}} \cdots \Sigma'(z^{L-1})(\boldsymbol{w}^L)^{\mathrm{T}} \Sigma'(z^L) \nabla_a \boldsymbol{C} \tag{35}$$

如果习惯于这种形式的矩阵乘法，会发现(BP1)和(BP2)更容易理解。本书坚持使用阿达马积的原因是其实现起来更快。

2.5　基本方程的证明（选学）

下面证明 4 个基本方程。它们是多元微积分链式法则的推论。如果你熟悉链式法则，建议自己先尝试推导。

从方程(BP1)开始证明，它是输出误差 $\boldsymbol{\delta}^L$ 的表达式。为了证明该方程，首先回顾定义：

$$\delta_j^L = \frac{\partial C}{\partial z_j^L} \tag{36}$$

应用链式法则，可以用输出激活值的偏导数的形式重写以上偏导数：

$$\delta_j^L = \sum_k \frac{\partial C}{\partial a_k^L} \frac{\partial a_k^L}{\partial z_j^L} \tag{37}$$

其中求和是对输出层的所有神经元 k 进行的。当然，第 k 个神经元的输出激活值 a_k^L 只取决于 $k = j$ 时第 j 个神经元的输入权重 z_j^L，所以当 $k \neq j$ 时 $\partial a_k^L / \partial z_j^L$ 不存在。因此可以把上一个方程简化为：

$$\delta_j^L = \frac{\partial C}{\partial a_j^L} \frac{\partial a_j^L}{\partial z_j^L} \tag{38}$$

基于 $a_j^L = \sigma(z_j^L)$，右边第 2 项可以写成 $\sigma'(z_j^L)$，方程变为：

$$\delta_j^L = \frac{\partial C}{\partial a_j^L} \sigma'(z_j^L) \tag{39}$$

这正是(BP1)的分量形式。

接着证明(BP2)，它以下一层误差 $\boldsymbol{\delta}^{l+1}$ 的形式表示误差 $\boldsymbol{\delta}^l$。为此，用 $\delta_k^{l+1} = \partial C / \partial z_k^{l+1}$ 重写 $\delta_j^l = \partial C / \partial z_j^l$。可以用链式法则实现。

$$\delta_j^l = \frac{\partial C}{\partial z_j^l} \tag{40}$$

$$= \sum_k \frac{\partial C}{\partial z_k^{l+1}} \frac{\partial z_k^{l+1}}{\partial z_j^l} \tag{41}$$

$$= \sum_k \frac{\partial z_k^{l+1}}{\partial z_j^l} \delta_k^{l+1} \tag{42}$$

最后一行交换了右边的两项，并代入了 δ_k^{l+1} 的定义。为了对最后一行的第一项求值，注意：

$$z_k^{l+1} = \sum_j w_{kj}^{l+1} a_j^l + b_k^{l+1} = \sum_j w_{kj}^{l+1} \sigma(z_j^l) + b_k^{l+1} \tag{43}$$

对其求微分可得：

$$\frac{\partial z_k^{l+1}}{\partial z_j^l} = w_{kj}^{l+1} \sigma'(z_j^l) \tag{44}$$

将其代入(42)可得：

$$\delta_j^l = \sum_k w_{kj}^{l+1} \delta_k^{l+1} \sigma'(z_j^l) \tag{45}$$

这正是(BP2)的分量形式。

最后需要证明方程(BP3)和方程(BP4)。它们同样遵循链式法则，因此和前两个方程的证明方法相似，这里把它们留作练习。

练　习

证明方程(BP3)和方程(BP4)。

反向传播基本方程的证明看起来复杂，实际上恰当应用链式法则即可实现。可以将反向传播看作系统性地应用多元微积分中的链式法则来计算代价函数梯度的一种方式。介绍完了反向传播的理论，下面讨论实现细节。

2.6　反向传播算法

利用反向传播方程可以计算代价函数的梯度，用算法显式表达如下。

(1) 输入 x : 为输入层设置对应的激活值 a^1。

(2) 前向传播：对每个 $l = 2, 3, \cdots, L$ 计算相应的 $z^l = w^l a^{l-1} + b^l$ 和 $a^l = \sigma(z^l)$。

(3) 输出层误差 δ^L : 计算向量 $\delta^L = \nabla_a C \odot \sigma'(z^L)$。

(4) 反向误差传播：对每个 $l = L-1, L-2, \cdots, 2$，计算 $\delta^l = ((w^{l+1})^T \delta^{l+1}) \odot \sigma'(z^l)$。

(5) 输出：代价函数的梯度由 $\partial C / \partial w_{jk}^l = a_k^{l-1} \delta_j^l$ 和 $\partial C / \partial b_j^l = \delta_j^l$ 得出。

分析该算法，可以看出为何将它称作"反向传播"——从最后一层开始向后计算误差向量 δ^l。这看似有点奇怪，为何要从后面开始？仔细思考反向传播方程的证明，就能明白这种反向移动其实是由于代价函数是神经网络输出的函数。为了理解代价随前面层的权重和偏置变化的规律，需要重复运用链式法则，反向获取需要的表达式。

练 习

□ 修改后的单个神经元的反向传播

假设改变一个前馈神经网络中的单个神经元，令其输出为 $f(\sum_j w_j x_j + b)$，其中 f 是跟 sigmoid 函数不同的某个函数，如何修改反向传播算法呢？

□ 线性神经元上的反向传播

假设将非线性神经元的 sigmoid 函数替换为 $\sigma(z) = z$，请重写反向传播算法。

如前所述，反向传播算法对单独的训练样本计算代价函数的梯度，$C = C_x$。实践中通常将反向传播算法和学习算法（例如随机梯度下降算法）组合起来使用，会对许多训练样本计算对应的梯度。例如给定大小为 m 的小批量样本，如下算法对该样本应用梯度下降学习。

(1) 输入训练样本的集合。

(2) **对每个训练样本** x，设置对应的输入激活值 $a^{x,1}$，并执行以下步骤。

□ 前向传播：对每个 $l = 2, 3, \cdots, L$ 计算 $z^{x,l} = w^l a^{x,l-1} + b^l$ 和 $a^{x,l} = \sigma(z^{x,l})$。

□ 输出误差 $\delta^{x,L}$：计算向量 $\delta^{x,L} = \nabla_a C_x \odot \sigma'(z^{x,L})$。

□ 反向传播误差：对每个 $l = L-1, L-2, \cdots, 2$，计算 $\delta^{x,l} = ((w^{l+1})^T \delta^{x,l+1}) \odot \sigma'(z^{x,l})$。

(3) **梯度下降**：对每个 $l = L, L-1, \cdots, 2$，根据 $w^l \rightarrow w^l - \frac{\eta}{m} \sum_x \delta^{x,l} (a^{x,l-1})^T$ 和 $b^l \rightarrow b^l - \frac{\eta}{m} \sum_x \delta^{x,l}$ 更新权重和偏置。

当然，在实践中实现随机梯度下降，还需要一个循环来生成小批量训练样本，以及多轮外循环。简单起见，这里暂不讨论。

2.7　反向传播代码

　　介绍完了抽象的反向传播理论，下面分析反向传播的实现代码。回顾第 1 章的代码，需要研究 Network 类中的 update_mini_batch 方法和 backprop 方法。这些方法的代码其实是前面所讲算法的翻版。其中 update_mini_batch 方法通过为当前 mini_batch 中的训练样本计算梯度来更新 Network 的权重和偏置。

```
class Network(object):
    ...
    def update_mini_batch(self, mini_batch, eta):
        """对一个小批量样本应用梯度下降算法和反向传播算法来更新神经网络的权重和偏置。mini_batch
        是由若干元组(x, y)组成的列表, eta 是学习率。"""
        nabla_b = [np.zeros(b.shape) for b in self.biases]
        nabla_w = [np.zeros(w.shape) for w in self.weights]
        for x, y in mini_batch:
            delta_nabla_b, delta_nabla_w = self.backprop(x, y)
            nabla_b = [nb+dnb for nb, dnb in zip(nabla_b, delta_nabla_b)]
            nabla_w = [nw+dnw for nw, dnw in zip(nabla_w, delta_nabla_w)]
        self.weights = [w-(eta/len(mini_batch))*nw
                        for w, nw in zip(self.weights, nabla_w)]
        self.biases = [b-(eta/len(mini_batch))*nb
                        for b, nb in zip(self.biases, nabla_b)]
```

　　主要工作其实是由 delta_nabla_b, delta_nabla_w = self.backprop(x, y)完成的，它调用 backprop 方法计算偏导数 $\partial C_x / \partial b_j^l$ 和 $\partial C_x / \partial w_{jk}^l$。backprop 方法跟前面的算法基本一致，只有一处小的差异——用一个略微不同的方式来索引神经网络层。这个改变其实是为了利用 Python 的特性：使用负值索引从列表的最后往前遍历，例如 l[-3]其实是列表中的倒数第 3 个元素。下面的 backprop 代码和一些辅助函数共同用于计算 σ、导数 σ' 以及代价函数的导数。理解了这些，就能掌握所有代码了。如果对某些地方感到困惑，可以参考代码的原始描述及完整清单，详见 1.6 节。

```
class Network(object):
    ...
    def backprop(self, x, y):
        """返回一个表示代价函数 C_x 梯度的元组(nabla_b, nabla_w)。nabla_b 和 nabla_w 是一层接一层的
        numpy 数组的列表, 类似于 self.biases 和 self.weights。"""
        nabla_b = [np.zeros(b.shape) for b in self.biases]
        nabla_w = [np.zeros(w.shape) for w in self.weights]
        # 前馈
        activation = x
        activations = [x] # 一层接一层地存放所有激活值
        zs = [] # 一层接一层地存放所有 z 向量
```

```
    for b, w in zip(self.biases, self.weights):
        z = np.dot(w, activation)+b
        zs.append(z)
        activation = sigmoid(z)
        activations.append(activation)
    # 反向传播
    delta = self.cost_derivative(activations[-1], y) * \
        sigmoid_prime(zs[-1])
    nabla_b[-1] = delta
    nabla_w[-1] = np.dot(delta, activations[-2].transpose())
    """注意，下面循环中的变量 l 和书中的形式稍有不同。这里 l = 1 表示最后一层神经元，l = 2 则表示
    倒数第二层，以此类推。这是对书中方式的重编号，旨在利用 Python 列表的负索引功能。"""
    for l in xrange(2, self.num_layers):
        z = zs[-l]
        sp = sigmoid_prime(z)
        delta = np.dot(self.weights[-l+1].transpose(), delta) * sp
        nabla_b[-l] = delta
        nabla_w[-l] = np.dot(delta, activations[-l-1].transpose())
    return (nabla_b, nabla_w)

    ...

    def cost_derivative(self, output_activations, y):
        """返回关于输出激活值的偏导数的向量。"""
        return (output_activations-y)

def sigmoid(z):
    """sigmoid 函数"""
    return 1.0/(1.0+np.exp(-z))

def sigmoid_prime(z):
    """sigmoid 函数的导数"""
    return sigmoid(z)*(1-sigmoid(z))
```

问　　题

❏ 全矩阵方法：针对小批量样本的反向传播

随机梯度下降的实现是对小批量数据中的训练样本进行遍历，因此也可以更改反向传播算法，让它对小批量数据中的所有样本计算梯度。也就是说，可以用一个矩阵 $X = [x_1, x_2, \cdots, x_m]$，其中每列就是小批量数据中的向量，而不是单个输入向量 x。通过乘以权重矩阵，加上对应的偏置进行前向传播，对各处应用 sigmoid 函数，然后通过类似的过程进行反向传播。请显式写出这种方法的伪代码，更改 network.py 来实现该方案。这样做的好处是利用了现代线性

代数库，所以会比在小批量数据上进行遍历运行得更快。（在我的计算机上，对于 MNIST 分类问题，相较于第 1 章的实现，速度提升了 1/2。）在实际应用中，所有可靠的用于实现反向传播的库都用了类似的基于矩阵的方法或其变体。

2.8　就何而言，反向传播算快

就何而言，反向传播是一个快速的算法呢？为了回答这个问题，首先考虑计算梯度的另一种方法。假设回到 20 世纪五六十年代的神经网络研究，而且你是世界上首个考虑使用梯度下降算法进行学习的研究人员。为了实现想法，必须找出计算代价函数梯度的方法。想到学过的微积分，你决定用链式法则来计算梯度，但尝试后发现代数式看起来非常复杂，于是想改用其他方法。你决定仅仅把代价看作权重的函数 $C = C(w)$（稍后会讲到偏置）。你给这些权重编了号：$w_1, w_2, \cdots$，想计算关于权重 w_j 的偏导数 $\partial C / \partial w_j$。一种显而易见的方法是近似，如下所示：

$$\frac{\partial C}{\partial w_j} \approx \frac{C(w + \epsilon e_j) - C(w)}{\epsilon} \tag{46}$$

其中 $\epsilon > 0$，是一个很小的正数，e_j 是第 j 个方向上的单位向量。换言之，可以通过计算两个接近相同 w_j 值的代价 C 来估计 $\partial C / \partial w_j$，然后应用方程(46)。也可以用同样的方法计算与偏置相关的偏导数 $\partial C / \partial b$。

该方法看起来可行性强，概念简单，用几行代码即可实现。这样的方法似乎比使用链式法则计算梯度更高效。

然而实现之后会发现该方法非常缓慢。为了理解原因，想象神经网络中有 1 000 000 个权重，对于每个权重 w_j，需要通过计算 $C(w + \epsilon e_j)$ 来求 $\partial C / \partial w_j$。这意味着为了计算梯度，需要计算代价函数 1 000 000 次，需要（对每个样本）进行 1 000 000 次前向传播。此外还要计算 $C(w)$，因此总共需要进行 1 000 001 次传播。

反向传播的优势是仅需要一次前向传播和一次反向传播，就能计算出所有偏导数 $\partial C / \partial w_j$。笼统地说，反向传播的计算代价和前向传播的相同[1]，所以反向传播总的计算代价大约是前向传播的两倍。比起直接计算导数，反向传播显然更有优势。尽管反向传播看似比方程(46)更复杂，但实际上更快。

---

[1] 这个说法是合理的，但需要额外的说明来明晰这一事实。在前向传播过程中，主要的计算代价产生于权重矩阵的乘法，反向传播则是计算权重矩阵的转置矩阵。这些操作的计算代价显然是相近的。

1986 年，这个加速算法首次被人们接受，它扩展了神经网络的适用范围，众多研究人员投入到神经网络的研究中。当然，反向传播并不是万能的。在 20 世纪 80 年代后期，人们尝试挑战极限，尤其是尝试使用反向传播来训练深度神经网络。后文会讲到，现代计算机和一些新想法使得反向传播能够成功训练深度神经网络了。

2.9　反向传播：全局观

如前所述，反向传播引出了两类问题。第一类问题是：这个算法实际上在做什么？前面描述了输出的误差被反向传回的过程，但能否更深入一些，更直观地解释这些矩阵和向量乘法？第二类问题是：为什么有人提出了反向传播？按步骤实现算法甚至理解了算法的运行原理并不意味着你对这个问题的理解到了能够提出算法的程度，是否有一个推理思路能指引你发现反向传播算法？下面探讨这两类问题。

为了说明算法究竟在做什么，假设我们已经对神经网络中的一些权重做了一点小小的变动 Δw_{jk}^{l}，如图 2-7 所示。

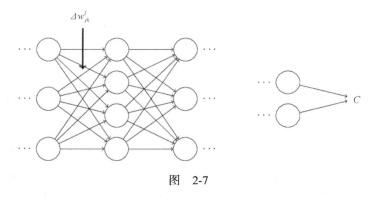

图　2-7

这个改变会导致输出激活值发生相应改变，如图 2-8 所示。

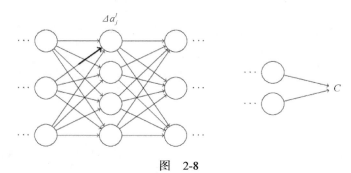

图　2-8

然后，下一层的所有激活值会随之改变，如图 2-9 所示。

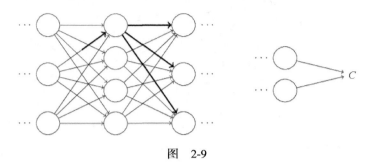

图 2-9

接着，这些改变将影响随后的层，一路到达输出层，最终影响代价函数，如图 2-10 所示。

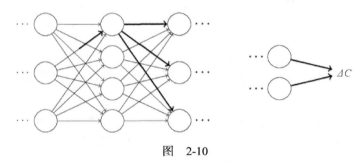

图 2-10

这样代价的变化 ΔC 和权重的变化 Δw_{jk}^l 就能关联起来了：

$$\Delta C \approx \frac{\partial C}{\partial w_{jk}^l} \Delta w_{jk}^l \tag{47}$$

这给出了一种计算 $\partial C / \partial w_{jk}^l$ 的方法：关注 w_{jk}^l 的微小变化如何影响 C。如果能做到这点，能够精确地使用易于计算的量来表达每种关系，就能计算 $\partial C / \partial w_{jk}^l$ 了。

下面尝试一下这个方法。Δw_{jk}^l 导致第 l 层第 j 个神经元的激活值发生小的变化 Δa_j^l，方程如下：

$$\Delta a_j^l \approx \frac{\partial a_j^l}{\partial w_{jk}^l} \Delta w_{jk}^l \tag{48}$$

Δa_j^l 的变化将导致下一层的所有激活值发生变化。我们聚焦于其中一个激活值看看影响，例如 a_q^{l+1}，如图 2-11 所示。

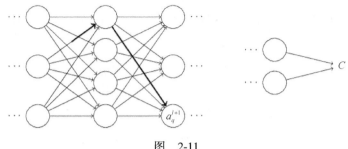

$$图\qquad 2\text{-}11$$

实际上，这会导致如下变化：

$$\Delta a_q^{l+1} \approx \frac{\partial a_q^{l+1}}{\partial a_j^l} \Delta a_j^l \tag{49}$$

将其代入方程(48)，可得：

$$\Delta a_q^{l+1} \approx \frac{\partial a_q^{l+1}}{\partial a_j^l} \frac{\partial a_j^l}{\partial w_{jk}^l} \Delta w_{jk}^l \tag{50}$$

当然，变化 Δa_q^{l+1} 又会影响下一层的激活值。实际上，可以想象一条从 w_{jk}^l 到 C 的路径，其中每个激活值的变化都会导致下一层的激活值发生变化，最终导致输出的代价发生变化。假设激活值的序列为 $a_j^l, a_q^{l+1}, \cdots, a_n^{L-1}, a_m^L$，那么表达式为：

$$\Delta C \approx \frac{\partial C}{\partial a_m^L} \frac{\partial a_m^L}{\partial a_n^{L-1}} \frac{\partial a_n^{L-1}}{\partial a_p^{L-2}} \cdots \frac{\partial a_q^{l+1}}{\partial a_j^l} \frac{\partial a_j^l}{\partial w_{jk}^l} \Delta w_{jk}^l \tag{51}$$

对经过的每个神经元采用 $\partial a / \partial a$ 这种形式的项，输出层则为 $\partial C / \partial a_m^L$。这表示 C 的改变是由于神经网络中这条特定路径上激活值发生变化。当然，神经网络中存在很多路径，w_{jk}^l 可以经其传播而影响代价函数，这里只分析其中一条。为了计算 C 的总变化，需要对权重和最终代价之间所有可能的路径进行求和：

$$\Delta C \approx \sum_{mnp\cdots q} \frac{\partial C}{\partial a_m^L} \frac{\partial a_m^L}{\partial a_n^{L-1}} \frac{\partial a_n^{L-1}}{\partial a_p^{L-2}} \cdots \frac{\partial a_q^{l+1}}{\partial a_j^l} \frac{\partial a_j^l}{\partial w_{jk}^l} \Delta w_{jk}^l \tag{52}$$

这是对路径中所有可能的中间神经元选择进行求和。对比方程(47)可知：

$$\frac{\partial C}{\partial w_{jk}^l} = \sum_{mnp\cdots q} \frac{\partial C}{\partial a_m^L} \frac{\partial a_m^L}{\partial a_n^{L-1}} \frac{\partial a_n^{L-1}}{\partial a_p^{L-2}} \cdots \frac{\partial a_q^{l+1}}{\partial a_j^l} \frac{\partial a_j^l}{\partial w_{jk}^l} \tag{53}$$

方程(53)看起来相当复杂，但自有其道理。我们用该方程计算 C 关于神经网络中一个权重的变化率。这个方程表明，两个神经元之间的连接其实与一个变化率因子相关联，该因子只是一个神经元的激活值相对于其他神经元的激活值的偏导数。从第一个权重到第一个神经元的变化率因子是 $\partial a_j^l / \partial w_{jk}^l$。路径的变化率因子其实是这条路径上众多因子的乘积，而整体变化率 $\partial C / \partial w_{jk}^l$ 是从初始权重到最终输出的代价函数的所有可能路径的变化率因子之和。针对某一条路径，该过程如图 2-12 所示。

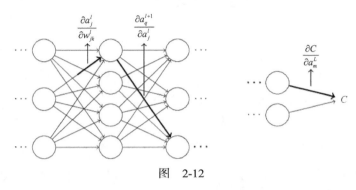

图　2-12

这里所讲的其实是一种启发式论点，也是一种思考权重变化对神经网络行为影响的方式。下面阐述进一步研究该论点的思路。可以推导出方程(53)中所有单独的偏导数的显式表达式，这用微积分即可实现。之后你就会明白如何用矩阵运算对所有可能的情况求和了。这项工作比较单调，需要一些耐心，但无须太多深思。完成这些后，就可以尽可能地简化了。最后你会发现，这其实就是在进行反向传播！因此，可以将反向传播想象成对所有可能的路径变化率求和的一种方式。换言之，反向传播算法能够巧妙地追踪对权重和偏置的微小扰动。这些扰动会在神经网络中传播，最终到达输出层并影响代价函数。

本书对此不再深入探讨，因为这项工作比较无趣。有兴趣的话可以挑战一下。即使不去尝试，以上思维方式也能够帮助你更好地理解反向传播。

至于反向传播是如何被发现的，实际上透过上述方法，可以发现反向传播的一种证明。然而，该证明比前面介绍的证明更冗长，也更复杂。那么，前面那个简短（却更神秘）的证明是如何被发现的呢？当写出长证明的所有细节后，你会发现里面其实包含了一些明显可以改进的地方，然后对其进行简化，得到稍微简短的证明，接着又能发现一些明显的可简化之处。经过几次迭代证明改进后，就能得到最终的简单却看似奇怪的证明[1]，因为移除了很多构造的细节！其实最早的证明也并不神秘，而只是经过了大量简化。

---

[1] 需要一个巧妙的步骤。方程(53)中的中间变量是类似于 a_q^{l+1} 的激活值。巧妙之处是改用加权的输入，例如用 z_q^{l+1} 作为中间变量。如果没想到这一点，而是继续使用激活值 a_q^{l+1}，得到的证明会比本章给出的证明稍复杂些。

## 第 3 章

改进神经网络的学习方法

高尔夫球员刚开始学习打高尔夫球时，通常会花很长时间练习挥杆。慢慢地，他们才会在此基础上练习其他击球方式，学习削球、左曲球和右曲球。本章仍着重介绍反向传播算法，这就是我们的"挥杆基本功"——神经网络中大部分工作、学习和研究的基础。本章会讲解多种技术，用于提升反向传播的初级实现，最终改进神经网络的学习方法。

本章讨论的技术包括：代价函数的更好选择——交叉熵代价函数；4 种正则化方法（L1 正则化、L2 正则化、Dropout 和人为扩展训练数据），这能让神经网络在训练集之外的数据上实现更好的泛化；更好的权重初始化方法；帮助选择好的超参数的启发式方法。此外，本章也会简单介绍一些其他技术。各个讨论相对独立，你可以选择性阅读。另外，本章还会给出实现这些技术的代码，可用于提高对第 1 章研究的分类问题的表现。

当然，本章只会展现神经网络技术的冰山一角。我认为深入研究那些重要的技术是入门已有技术的最佳策略。掌握这些关键技术还有助于预知神经网络使用中可能出现的问题，并在需要时快速学会其他技术。

3.1　交叉熵代价函数

大多数人不喜欢被他人指出错误。我以前刚学习弹钢琴不久，就在听众前做了一次首秀。我很紧张，开始时错将八度音阶的曲段演奏得很低。我不知所措，因为演奏无法继续下去了，直到有人指出了其中的错误。我当时非常尴尬。不过，尽管不愉快，我们却能因为明显的错误而快速地学到正确的知识。下次我肯定能演奏正确！然而当错误不明确的时候，学习会变得非常缓慢。

我们希望神经网络可以从错误中快速学习。在实践中，这种情况经常出现吗？为了回答这个问题，先看一个小例子，图 3-1 展示了一个只有一个输入的神经元。

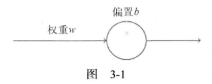

图 3-1

我们会训练该神经元做一件非常简单的事：将输入 1 转换为 0。当然，这非常简单，手动找到合适的权重和偏置就可以了，不需要使用什么学习算法。然而，利用梯度下降算法来学习权重和偏置似乎很有启发性。下面看看神经元如何学习。

为了让这个例子更明确，首先将权重和偏置分别初始化为 0.6 和 0.9。这些是开始学习的惯常选择，并没有任何特殊的意义。一开始神经元的输出是 0.82，所以离目标输出 0 还差得很远。观察图 3-2[①]，看看神经元是如何学习让输出接近 0 的。注意，这实际上正在进行梯度计算，然后使用梯度更新来更新权重和偏置并展示结果。设置学习率 $\eta = 0.15$ 进行学习，一方面足够慢，让我们能跟随学习的过程，另一方面也保证了学习时间不会太久，几秒应该就足够了。代价函数是第 1 章用到的二次函数 C，这里也会给出准确的形式，所以无须回顾定义。

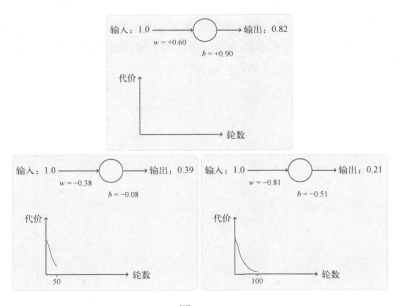

图 3-2

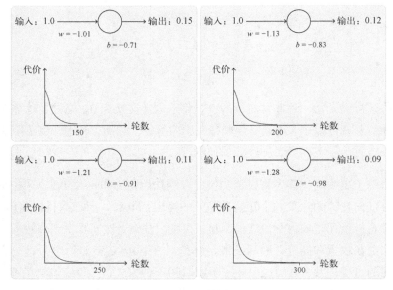

图   3-2（续）

可见神经元快速地学到了能使代价下降的权重和偏置，给出了最终的输出 0.09。这虽然不是目标输出，但已经挺不错了。假设现在将初始的权重和偏置都设置为 2.0。此时初始输出为 0.98，这和目标值的差距相当大。下面看看神经元如何学习输出 0，如图 3-3 所示。

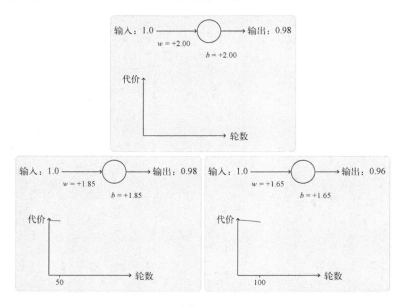

图   3-3

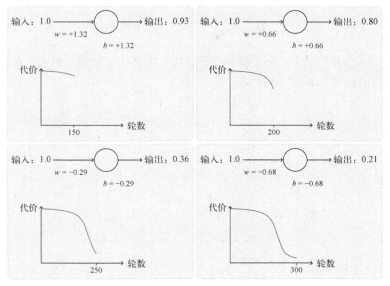

图 3-3（续）

这个例子使用了相同的学习率（$\eta = 0.15$），可以看到刚开始学习速度比较缓慢。在大约前 150 轮的学习中，权重和偏置并没有发生太大变化。随后学习速度加快，与上一个例子类似，神经网络的输出也迅速接近 0。

这种行为看起来和人类的学习行为差异较大。如前所述，我们通常在明显犯错时学得最快，但是前面显示人工神经元在明显犯错的情况下其实学习很有难度，而且这种现象不仅在这个小例子中出现，也会在一般的神经网络中出现。为何学习如此缓慢？有什么方法能避免吗？

为了探究这两个问题的根源，要想到神经元是通过改变权重和偏置，并以代价函数的偏导数（$\partial C / \partial w$ 和 $\partial C / \partial b$）决定的速度学习的，所以"学习缓慢"实际上指偏导数很小。这里的挑战就是分析它们为何这么小。为了理解这一点，试试计算偏导数。前面一直在用方程(6)表示二次代价函数，定义如下：

$$C = \frac{(y-a)^2}{2} \tag{54}$$

其中 a 是神经元的输出，训练输入为 $x = 1$，$y = 0$ 是目标输出。使用权重和偏置显式表达 $a = \sigma(z)$，其中 $z = wx + b$。使用链式法则求权重和偏置的偏导数，有：

$$\frac{\partial C}{\partial w} = (a-y)\sigma'(z)x = a\sigma'(z) \tag{55}$$

$$\frac{\partial C}{\partial b} = (a-y)\sigma'(z) = a\sigma'(z) \tag{56}$$

其中已经将 $x=1$ 和 $y=0$ 代入了。为了理解这些表达式的作用，仔细观察 $\sigma'(z)$ 这一项。首先回顾一下 sigmoid 函数的曲线，如图 3-4 所示。

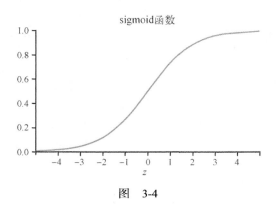

图   3-4

图 3-4 显示当神经元的输出接近 1 时，曲线变得相当平缓，所以 $\sigma'(z)$ 就很小了。从方程(55) 和方程(56)可知，$\partial C/\partial w$ 和 $\partial C/\partial b$ 会非常小，这其实就是学习缓慢的原因。稍后会讲到，这种学习速度下降的原因实际上也是一般的神经网络学习缓慢的原因，并不仅仅是本例特有的。

3.1.1　引入交叉熵代价函数

如何解决这个问题呢？研究表明，可以使用交叉熵代价函数来替换二次代价函数。为了理解什么是交叉熵，我们稍微改变一下之前的简单例子。假设现在要训练一个包含若干输入变量的神经元 $x_1, x_2, \cdots$，对应的权重为 $w_1, w_2, \cdots$ 和偏置 b，如图 3-5 所示。

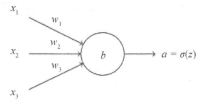

图   3-5

神经元的输出就是 $a = \sigma(z)$，其中 $z = \sum_j w_j x_j + b$ 是输入的带权和，定义如下：

$$C = -\frac{1}{n}\sum_x \left[y \ln a + (1-y)\ln(1-a) \right] \tag{57}$$

其中 n 是训练数据的总数，求和是对所有训练输入 x 进行的，y 是对应的目标输出。

方程(57)能否解决学习缓慢的问题并不明朗。实际上，它甚至不是明显的代价函数！在解决学习缓慢的问题前，首先思考为何能将交叉熵解释成代价函数。

将交叉熵看作代价函数有两点原因。第一，它是非负的，$C > 0$。可以看出(57)的求和中的所有单独项都是负数，因为对数函数的定义域是 $(0, 1)$。求和前面有一个负号。

第二，如果对于所有的训练输入 x，神经元实际的输出都接近目标值，那么交叉熵将接近 0[①]。假设在本例中，$y = 0$ 而 $a \approx 0$，这是我们想要的结果。方程(57)中的第一个项会消去，因为 $y = 0$，而第二项实际上就是 $-\ln(1-a) \approx 0$；反之，$y = 1$ 而 $a \approx 1$。所以实际输出和目标输出之间的差距越小，最终交叉熵的值就越小。

综上所述，交叉熵是非负的，在神经元达到较高的正确率时接近 0。我们希望代价函数具备这些特性。其实二次代价函数也拥有这些特性，所以交叉熵是很好的选择。然而交叉熵代价函数有一个比二次代价函数更好的特性：它避免了学习速度下降的问题。为了弄清楚这个情况，下面计算交叉熵函数关于权重的偏导数。我们将 $a = \sigma(z)$ 代入方程(57)中应用两次链式法则，得到：

$$\frac{\partial C}{\partial w_j} = -\frac{1}{n}\sum_x \left(\frac{y}{\sigma(z)} - \frac{(1-y)}{1-\sigma(z)} \right) \frac{\partial \sigma}{\partial w_j} \tag{58}$$

$$= -\frac{1}{n}\sum_x \left(\frac{y}{\sigma(z)} - \frac{(1-y)}{1-\sigma(z)} \right) \sigma'(z) x_j \tag{59}$$

合并结果，简化得到：

$$\frac{\partial C}{\partial w_j} = \frac{1}{n}\sum_x \frac{\sigma'(z) x_j}{\sigma(z)(1-\sigma(z))}(\sigma(z) - y) \tag{60}$$

根据 $\sigma(z) = 1/(1+e^{-z})$ 的定义和一些运算，可以得到 $\sigma'(z) = \sigma(z)(1-\sigma(z))$。后面的练习会要求计算它，现在可以直接使用这个结果。$\sigma'(z)$ 和 $\sigma(z)(1-\sigma(z))$ 这两项在方程中直接约去了，所以简化为：

$$\frac{\partial C}{\partial w_j} = \frac{1}{n}\sum_x x_j(\sigma(z) - y) \tag{61}$$

---

① 为了证明它，需要假设目标输出 y 都为 0 或 1。这通常是解决分类问题的情况，例如计算布尔函数。要想了解不做该假设会怎样，参见稍后的练习。

这个方程非常优美，它表明权重的学习速度受到 $\sigma(z) - y$，也就是输出中的误差的制约。误差越大，学习速度越快，这正是我们期望的。此外，该代价函数还避免了方程(55)等二次代价函数中 $\sigma'(z)$ 导致的学习缓慢问题。当使用交叉熵时，$\sigma'(z)$ 被约掉了，所以无须在意它是不是变得很小。这种约除就是交叉熵带来的特殊效果。实际上，这并没有多么神奇。后面会讲到，这是交叉熵的特性使然。

根据类似的方法，可以计算出关于偏置的偏导数。这里略去详细的计算过程，但你可以验证：

$$\frac{\partial C}{\partial b} = \frac{1}{n}\sum_{x}(\sigma(z) - y) \tag{62}$$

这避免了二次代价函数中类似于方程(56)中 $\sigma'(z)$ 项导致的学习缓慢。

练 习

验证 $\sigma'(z) = \sigma(z)(1 - \sigma(z))$。

回到最初的例子，看看换成交叉熵之后的学习过程。仍然按照前面的参数配置来初始化神经网络，开始权重为 0.6，偏置为 0.9。换成交叉熵之后，神经网络的学习情况如图 3-6 所示。

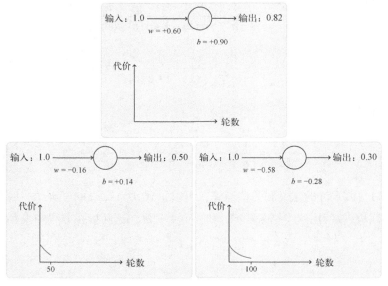

图   3-6

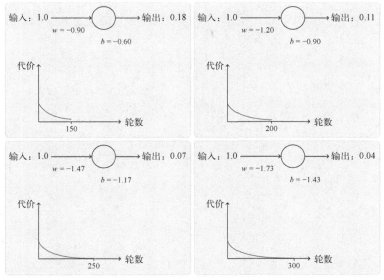

图　3-6（续）

　　毫不奇怪，在本例中，神经元学习得相当出色，跟前面差不多。再看看之前出问题的那个例子，权重和偏置都初始化为 2.0，曲线变化如图 3-7 所示。

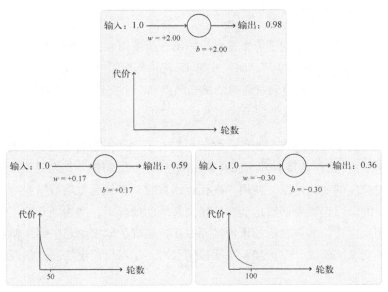

图　3-7

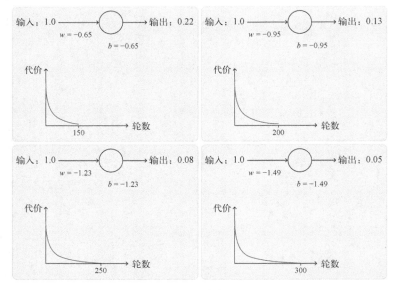

图   3-7（续）

成功了！这次神经元的学习速度相当快，符合预期。仔细观察可以发现代价函数曲线要比二次代价函数训练开始部分陡峭很多。这个交叉熵导致的陡度正是我们期望的，当神经元开始出现严重错误时能以最快的速度学习。

前面没有提及示例中选用的学习率是多少。刚开始使用二次代价函数时，采用了 $\eta = 0.15$。在新例子中，还应该使用同样的学习率吗？实际上，代价函数不同，不能直接套用同样的学习率。对于这两种代价函数，前面只是通过简单的试验来找到一个能让我们看清楚变化过程的学习率。如果你好奇，不妨了解一下，这个例子采用了 $\eta = 0.005$。

你可能会反对：学习率的改变使得前面的图失去了意义，然而谁会在意随意选择学习率时神经元学习的速度？！这样的反对其实没有抓住重点。前面的图例不是在讨论学习的绝对速度，而是想研究学习速度的变化情况。使用二次代价函数时，神经元犯明显错误时的学习速度比快接近正确输出时的学习速度要缓慢；而在使用交叉熵的情况下，当神经元犯了明显错误时学习速度更快。使用二次代价函数时，如果神经元在接近正确的输出前犯了明显错误，学习会变得更缓慢；而使用交叉熵函数，在神经元犯明显错误时，学习反而更快。这些现象与学习率的设置无关。

前面研究了一个神经元的交叉熵，将其推广到有很多神经元的多层神经网络也很简单。假设 $y = y_1, y_2, \cdots$ 是输出神经元的目标输出值，$a_1^L, a_2^L, \cdots$ 是实际输出值，那么定义交叉熵如下：

$$C = -\frac{1}{n}\sum_{x}\sum_{j}\left[y_j \ln a_j^L + (1 - y_j)\ln(1 - a_j^L)\right] \tag{63}$$

除了需要对所有输出神经元进行求和（$\sum_j$）外，它其实和方程(57)相同。这里不会给出推算过程，但方程(63)确实有助于避免很多神经网络中的学习缓慢问题。如果感兴趣，可以尝试下面问题中的推导。

"交叉熵"这个术语可能让某些读者感到困惑，因为可能引起混淆，特别是对两个概率分布 p_j 和 q_j，定义其交叉熵为 $\sum_j p_j \ln q_j$。如果将单个 sigmoid 神经元看作输出一个包含神经元激活值 a 和其补值 $1-a$ 的概率分布，该定义也许能关联到方程(57)。

然而，当最后一层有很多 sigmoid 神经元时，激活值 a_j^L 通常不会形成概率分布。因此，像 $\sum_j p_j \ln q_j$ 这样的定义没有实际意义，因为并没有用到概率分布。相反，可以将方程(63)看成对每个神经元交叉熵求和，其中每个神经元的激活值可以解释成二元概率分布的一部分[①]。方程(63)是概率分布的交叉熵的一种泛化形式。

应该何时用交叉熵代替二次代价函数呢？实际上，如果输出神经元是 sigmoid 神经元，那么交叉熵通常是更好的选择，原因是初始化神经网络的权重和偏置时通常会使用某种随机方法。这些初始选择可能导致神经网络误判某些训练输入，比如目标输出为 0，而实际值为 1，或者反过来。如果使用二次代价函数，就会导致学习速度下降。它并不会完全终止学习过程，因为这些权重会持续从其他样本中进行学习，但这显然不是理想的效果。

练 习

□ 一个小问题是刚接触交叉熵时，很难立马记住 y 和 a 等的含义，比如表达式的正确形式是 $-[y\ln a + (1-y)\ln(1-a)]$ 还是 $-[a\ln y + (1-a)\ln(1-y)]$，在 y 等于 0 或者 1 时，第二个表达式的结果如何？这个问题会妨碍第一个表达式吗？为什么？

□ 对单个神经元的讨论指出，如果对所有训练数据都有 $\sigma(z) \approx y$，那么交叉熵会很小。该论断其实和 y 只等于 1 或者 0 有关。这在分类问题中一般是可行的，但是对于其他问题（比如回归问题），y 可以取 0 到 1 的值。请证明对于所有训练输入，当 $\sigma(z) = y$ 时交叉熵仍然是最小的。此时交叉熵表示为：

$$C = -\frac{1}{n}\sum_{x}[y\ln y + (1 - y)\ln(1 - y)] \tag{64}$$

其中 $-[y\ln y + (1-y)\ln(1-y)]$ 有时也称二元熵。

---

① 当然，我们的神经网络中没有概率元素，所以它们实际上不是概率。

问　题

☐ **多层多神经元网络**

用第 2 章定义的符号，证明对于二次代价函数，输出层权重的偏导数为：

$$\frac{\partial C}{\partial w_{jk}^L} = \frac{1}{n}\sum_x a_k^{L-1}(a_j^L - y_j)\sigma'(z_j^L) \tag{65}$$

项 $\sigma'(z_j^L)$ 会在一个输出神经元遇到错误值时导致学习速度下降。请证明对于交叉熵代价函数，一个训练样本 x 的输出误差 δ^L 为：

$$\delta^L = a^L - y \tag{66}$$

使用该表达式证明输出层的权重的偏导数为：

$$\frac{\partial C}{\partial w_{jk}^L} = \frac{1}{n}\sum_x a_k^{L-1}(a_j^L - y_j) \tag{67}$$

其中 $\sigma'(z_j^L)$ 消掉了，所以交叉熵避免了学习缓慢的问题，不仅在一个神经元上，而且对多层多神经元网络也起作用。该分析过程稍做变化对偏置也适用。如有疑问，需展开分析。

☐ **在输出层使用线性神经元时使用二次代价函数**

假设有一个多层多神经元网络，最终输出层的神经元都是线性神经元，输出不再是 sigmoid 函数作用的结果，而是 $a_j^L = z_j^L$。请证明如果使用二次代价函数，那么单个训练样本 x 的输出误差为：

$$\delta^L = a^L - y \tag{68}$$

类似于前一个问题，使用该表达式证明输出层权重和偏置的偏导数分别为：

$$\frac{\partial C}{\partial w_{jk}^L} = \frac{1}{n}\sum_x a_k^{L-1}(a_j^L - y_j) \tag{69}$$

$$\frac{\partial C}{\partial b_j^L} = \frac{1}{n}\sum_x (a_j^L - y_j) \tag{70}$$

这表明如果输出神经元是线性的，那么二次代价函数不再会导致学习速度下降。在此情形下，二次代价函数就是一个合适的选择。

3.1.2　使用交叉熵来对 MNIST 数字进行分类

如果程序使用梯度下降算法和反向传播算法进行学习，那么交叉熵作为其中一部分易于实现。稍后将改进前面对 MNIST 手写数字进行分类的程序 network.py。新的程序命名为 network2.py，不仅使用了交叉熵，还有本章介绍的其他技术。下面看看新程序在 MNIST 数字分类问题上的表现。如第 1 章所示，我们会使用一个包含 30 个隐藏神经元的网络，小批量的大小也设置为 10，将学习率设置为 $\eta = 0.5$[①]，训练 30 轮。network2.py 的接口和 network.py 的略有区别，但用法还是很好懂的。可以在 Python shell 中使用 help(network2.Network.SGD)这样的命令来查看 network2.py 的接口文档。

```
>>> import mnist_loader
>>> training_data, validation_data, test_data = \
... mnist_loader.load_data_wrapper()
>>> import network2
>>> net = network2.Network([784, 30, 10], cost=network2.CrossEntropyCost)
>>> net.large_weight_initializer()
>>> net.SGD(training_data, 30, 10, 0.5, evaluation_data=test_data,
... monitor_evaluation_accuracy=True)
```

注意，net.large_weight_initializer()命令使用第 1 章介绍的方式来初始化权重和偏置。这里需要执行该命令，因为后面才会改变默认的权重初始化命令。运行上面的代码，神经网络的准确率可以达到 95.49%，这跟第 1 章中使用二次代价函数得到的结果（95.42%）相当接近了。

对于使用 100 个隐藏神经元，而交叉熵及其他参数保持不变的情况，准确率达到了 96.82%。相比第 1 章使用二次代价函数的结果（96.59%）有一定提升。看起来是很小的变化，但考虑到误差率已经从 3.41%下降到 3.18%了，消除了原误差的 1/14，这其实是可观的改进。

跟二次代价相比，交叉熵代价函数能提供类似的甚至更好的结果，然而这些结果不能证明交叉熵是更好的选择，原因是在选择学习率、小批量大小等超参数上花了一些心思。为了让提升更有说服力，需要对超参数进行深度优化。然而，这些结果仍然是令人鼓舞的，它们巩固了先前关于交叉熵优于二次代价的理论推断。

---

① 第 1 章使用了二次代价和 $\eta = 3.0$ 的学习率。前面讨论过，当代价函数改变时用"相同"的学习率效果如何难以预料。对于两种代价函数，基于其他超参数的选择，我都做过试验来找出能显著提高性能的学习率。另外，有一个非常粗略的推导，能将交叉熵和二次代价的学习率关联起来。如前所述，二次代价的梯度项中有一个额外的 $\sigma' = \sigma(1-\sigma)$，假设把它按照 σ 的值平均，$\int_0^1 \sigma(1-\sigma)\mathrm{d}\sigma = 1/6$。可以看到，按照相同的学习率，二次代价会以平均 1/6 的速度进行学习。这提示我们，一个合理的起点是把二次代价的学习率除以 6。当然，这个理由很不严谨，不应拘泥于此，不过有时可以作为有用的起点。

这只是本章后面的内容和本书剩余内容中一般模式的一部分。稍后将介绍并尝试一种新技术，它能改善结果。进步当然很好，但是解释这些改善通常困难重重，只有在进行大量工作来优化其他所有超参数并带来提升时，它们才具有说服力。这样做工作量很大，需要大量算力，我们通常不会进行这样彻底的调研，因此我采用前面那些不太正式的测试来达到目标。然而你要记住，这样的测试仍缺乏权威的证明，需要注意那些使得论断失效的迹象。

前面用了很长的篇幅介绍交叉熵，为何花费这么多精力讲解这种技术呢？它只能给 MNIST 图像分类结果带来一点点提升，而后面将介绍的其他技术能提升更多，例如正则化。如此细致地讨论交叉熵的部分原因是，交叉熵是一种广泛使用的代价函数，值得深入理解。更重要的原因是，神经元的饱和是神经网络中的一个关键问题，本书会反复探讨这个问题。因此，深入讨论交叉熵是理解神经元饱和及其解决方法的良好开端。

3.1.3　交叉熵的含义与起源

前面对于交叉熵的讨论着重于代数分析和代码实现，虽然很有用，但未解答一些更宽泛的概念性问题。比如，交叉熵究竟意味着什么？能否凭直觉认识交叉熵？我们如何想到要利用这个概念？

首先回答最后一个问题，即如何想到利用交叉熵。假设我们发现学习速度下降了，并了解是方程(55)和方程(56)中的 $\sigma'(z)$ 这一项造成的。在研究了这些方程后，我们可能想选择一个不包含 $\sigma'(z)$ 的代价函数。这时对于一个训练样本 x，其代价 $C = C_x$ 满足：

$$\frac{\partial C}{\partial w_j} = x_j(a - y) \tag{71}$$

$$\frac{\partial C}{\partial b} = (a - y) \tag{72}$$

如果所选的代价函数满足这些条件，那么它们就会简单地表现为初始误差越大，神经元学习得越快，这也能够解决学习速度下降的问题。实际上，基于这些方程，凭数学直觉推导出交叉熵的形式是可行的。下面推导一下，由链式法则可得：

$$\frac{\partial C}{\partial b} = \frac{\partial C}{\partial a} \sigma'(z) \tag{73}$$

利用 $\sigma'(z) = \sigma(z)(1 - \sigma(z)) = a(1 - a)$，上个方程变成：

$$\frac{\partial C}{\partial b} = \frac{\partial C}{\partial a} a(1-a) \tag{74}$$

对比方程(72)，可得：

$$\frac{\partial C}{\partial a} = \frac{a-y}{a(1-a)} \tag{75}$$

对该方程就 a 进行积分，可得：

$$C = -[y\ln a + (1-y)\ln(1-a)] + \text{constant} \tag{76}$$

其中 constant 是积分常量。这是一个单独的训练样本 x 对代价函数的影响。为了得到完整的代价函数，需要对所有训练样本进行平均，可得：

$$C = -\frac{1}{n}\sum_{x}[y\ln a + (1-y)\ln(1-a)] + \text{constant} \tag{77}$$

其中的常量就是所有单独常量的平均，所以方程(71)和方程(72)确定了交叉熵的形式整体上为常量。这个交叉熵并不是凭空产生的，而是以自然、简单的方法得到的。

交叉熵的直观含义是什么？如何看待它？深入解释这一点非常复杂，但仍值得一提，有一种源自信息论的标准解释方式。粗略地说，交叉熵是对“不确定性”的一种衡量。例如神经元想要计算函数 $x \to y = y(x)$，但它用函数 $x \to a = a(x)$ 进行了替换。假设将 a 想象成神经元估计 $y = 1$ 的概率，而 $1-a$ 是 $y = 0$ 的概率，那么交叉熵衡量的是学习到 y 的实际值的平均不确定性。如果输出目标结果，不确定性就会小一点，反之不确定性就会大一些。当然，这里没有说明“不确定性”到底意味着什么，所以看似空谈。实际上，在信息论中有一种定义不确定性的准确方式。互联网上有对该主题的简短而清晰的讨论，如果你想深入了解，维基百科有一个简短的总结，能指引你正确地探索该领域。更多细节，可以阅读《信息论基础》第 5 章涉及 Kraft 不等式的内容。

问　题

前面深入讨论了在使用二次代价函数的神经网络中，当输出神经元饱和时学习缓慢的问题，另一个可能影响学习的因素是方程(61)中的 x_j 项。当输入 x_j 接近0时，对应的权重 w_j 会学习得相当缓慢。请解释为何不可以通过改变代价函数来消除 x_j 项的影响。

3.1.4 softmax

本章主要使用交叉熵来解决学习缓慢的问题，下面简单介绍另一种解决方法——基于 softmax 神经元层。本章后面不会使用 softmax 层，所以你可以略过这一部分。不过，softmax 仍有其讨论价值，一方面它本身很有趣，另一方面，第 6 章介绍深度神经网络时会使用 softmax 层。

softmax 的思路其实是为神经网络定义一种新的输出层。开始时和 sigmoid 层相同，首先计算带权输入[1] $z_j^L = \sum_k w_{jk}^L a_k^{L-1} + b_j^L$。不过，这里不会使用 sigmoid 函数来获得输出，而会在这一层对 z_j^L 应用 softmax 函数，这样第 j 个神经元的激活值 a_j^L 为：

$$a_j^L = \frac{e^{z_j^L}}{\sum_k e^{z_k^L}} \tag{78}$$

其中分母中的求和是对所有输出神经元进行的。

如果不熟悉这个 softmax 函数，可能会觉得方程(78)比较费解，因为不清楚使用它的原因，也不清楚它是否有助于解决学习缓慢的问题。为了更好地理解方程(78)，假设有一个含 4 个输出神经元的神经网络，对应 4 个带权输入：z_1^L、z_2^L、z_3^L 和 z_4^L。图 3-8 中的条块显示带权输入的可能取值和对应输出激活值的图形，可以通过增大 z_4^L 来开始探索。

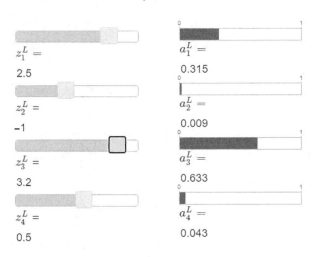

图　3-8

---

① 描述 softmax 的过程中会经常使用第 2 章中的符号，需要时可自行回顾。

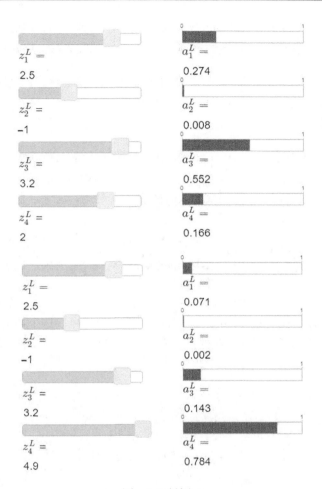

图 3-8（续）

当 z_4^L 增大后，可以看到对应的激活值 a_4^L 增大了，而其他激活值减小了。类似地，如果减小 z_4^L，那么 a_4^L 会随之减小，而其他激活值会增大。实际上，仔细观察的话，就会发现在两种情形下，其他激活值的整体改变恰好弥补了 a_4^L 的变化。原因很简单，根据定义，输出的激活值之和为 1，使用方程(78)和些许代数可以证明：

$$\sum_j a_j^L = \frac{\sum_j \mathrm{e}^{z_j^L}}{\sum_k \mathrm{e}^{z_k^L}} = 1 \tag{79}$$

所以，如果 a_4^L 增大，那么其他输出激活值肯定会总共下降相同的量，来保证所有激活值的和为 1。当然，类似的结论对其他激活值也成立。

方程(78)同样保证输出激活值都是正数，因为指数函数为正。将这两点结合起来，可以看到 softmax 层的输出是一些和为 1 的正数的集合。换言之，可将 softmax 层的输出视作概率分布。

这样做的效果很不错。在很多问题中，能将输出激活值 a_j^l 理解为神经网络对于正确输出为 j 的概率的估计是非常有用的。比如在 MNIST 分类问题中，可以将 a_j^l 解释成神经网络估计正确数字分类为 j 的概率。

对比一下，如果输出层是 sigmoid 层，那么肯定不能假设激活值形成了一个概率分布。这里不会证明这一点，但是来自 sigmoid 层的激活值是不能形成概率分布的一般形式的，因此对于 sigmoid 输出层，本书没有关于输出激活值的简单解释。

练　习

请举例说明如果神经网络的输出层是 sigmoid 层，输出激活值 a_j^l 之和并不一定为 1。

这就涉及 softmax 函数的形式和行为特征了。回顾一下，方程(78)中的指数确保了所有输出激活值为正，分母的求和又保证了 softmax 的输出之和为 1，所以这个特定形式较之前更容易理解：一种确保输出激活值形成概率分布的自然方式。可以理解为 softmax 重新调节 z_j^l，然后将结果整合为概率分布。

练　习

☐ **softmax 的单调性**

请证明 $j = k$ 时 $\partial a_j^l / \partial z_k^l$ 为正，$j \neq k$ 时 $\partial a_j^l / \partial z_k^l$ 为负。结果是，增大 z_j^l 会增大对应的输出激活值 a_j^l 并减小其他所有输出激活值，请给出严格证明。

☐ **softmax 的非局部性**

sigmoid 层的一个优势是输出 a_j^l 是对应带权输入的函数，$a_j^l = \sigma(z_j^l)$。请解释为何对于 softmax 层来说，并非任何特定输出激活值 a_j^l 都依赖所有带权输入。

问　题

☐ **逆转 softmax 层**

假设有一个神经网络的输出层使用 softmax，且激活值 a_j^l 已知，请证明对应带权输入的形式为 $z_j^l = \ln a_j^l + C$，其中常量 C 独立于 j。

学习缓慢的问题：前面用了相当长的篇幅介绍 softmax 层，但没有提到它如何解决学习缓慢的问题。为了理解这一点，首先定义一个对数似然代价函数。我们使用 x 表示神经网络的训练输入，用 y 表示对应的目标输出，则与该训练输入关联的对数似然代价函数为：

$$C \equiv -\ln a_y^L \tag{80}$$

因此，如果用 MNIST 图像进行训练，输入 7 的图像，那么对应的对数似然代价为 $-\ln a_7^L$。可以想见，当神经网络表现很好的时候，即确认输入为 7 时，它估计的对应概率 a_7^L 会非常接近 1，所以代价 $-\ln a_7^L$ 会很小。反之，如果神经网络表现糟糕，概率 a_7^L 就变得很小，代价 $-\ln a_7^L$ 随之增大，因此对数似然代价函数也是理想的代价函数。

为了分析学习缓慢的问题，回想一下学习缓慢的关键就是量 $\partial C / \partial w_{jk}^L$ 和 $\partial C / \partial b_j^L$ 的变化情况。稍后的问题会要求详细的推导，但通过一点代数运算可以得到[①]：

$$\frac{\partial C}{\partial b_j^L} = a_j^L - y_j \tag{81}$$

$$\frac{\partial C}{\partial w_{jk}^L} = a_k^{L-1}(a_j^L - y_j) \tag{82}$$

这些方程其实和前面分析交叉熵得到的类似，例如比较方程(82)和方程(67)，尽管后者对整个训练样本进行了平均，但形式还是一致的。而且，正如前面的分析，这些表达式能够避免学习缓慢的问题。实际上，认识到具有对数似然代价的 softmax 输出层与具有交叉熵代价的 sigmoid 输出层的相似性会很有帮助。

既然二者很相似，那么如何选择呢？实际上，在很多场景中，这两种方式的效果都不错。稍后会将 sigmoid 输出层和交叉熵代价组合使用，第 6 章会讨论 softmax 输出层和对数似然代价的搭配使用。切换是为了跟一些具有影响力的学术论文中的形式更为相近。一般而言，softmax 与对数似然的组合更适用于需要将输出激活值解释为概率的场景。这并不需要额外注意，但是对于涉及不重叠类别的分类问题（例如对 MNIST 图像分类）很有用。

[①] 注意这里表示上的差异，这里的 y 和上一段中的不同。上一段用 y 表示神经网络的目标输出，例如输入 7 的图像，输出一个 7；但接下来的方程用 y 表示 7 对应的输出激活值的向量，即它是一个除了第 7 位为 1，其他所有位都是 0 的向量。

问　题

❑ 推导方程(81)和方程(82)。

❑ **softmax 这个名称从何而来**

假设修改一下 softmax 函数，使得输出激活值定义如下：

$$a_j^L = \frac{e^{cz_j^L}}{\sum_k e^{cz_k^L}} \qquad (83)$$

其中 c 是正的常量。注意 $c=1$ 对应标准的 softmax 函数。如果使用不同的 c 得到不同的函数，其本质上和原来的 softmax 函数是很相似的。请证明输出激活值也会形成概率分布，正如一般的 softmax 函数那样。假设 c 足够大，比如 $c \rightarrow \infty$，那么输出激活值 a_j^L 的极限值是多少？解决了这个问题后，就能明白为何把 $c=1$ 对应的函数看作一个最大化函数的柔和版本，这就是术语 softmax 的由来。

❑ **softmax 和对数似然的反向传播**

第 2 章推导了使用 sigmoid 层的反向传播算法，为了将其应用于使用 softmax 层的神经网络，需要弄清楚最后一层的误差表示 $\delta_j^L \equiv \partial C / \partial z_j^L$，请证明如下形式：

$$\delta_j^L = a_j^L - y_j \qquad (84)$$

使用该表达式，可以对使用 softmax 层和对数似然代价的神经网络应用反向传播。

3.2　过拟合和正则化

诺贝尔物理学奖得主恩里科·费米有一次被问到他对其他同事提出的数学模型有何看法，这个数学模型尝试解决一个物理难题。模型和实验非常匹配，但费米对其产生了怀疑。他问模型中需要设置多少个自由参数。听到答案是"4"后，费米讲道[①]："我的朋友约翰·冯·诺伊曼过去常说'如果有 4 个参数，我可以模拟一头大象，有 5 个参数的话，我还能让它卷鼻子'。"

其实这是说拥有大量自由参数的模型能够模拟复杂场景。即使这样的模型能够很好地拟合已有数据，也并不表示它是一个好模型。可能只是因为模型中足够的自由度让它可以描述几乎所有给定大小的数据集，而无须洞察现象的本质。在这种情形下，模型对已有数据会表现得很好，但很难泛化到新数据。对模型而言，真正的考验是它对陌生场景的预测能力。

---

① 这个故事引用自弗里曼·戴森所写的一篇引人入胜的文章。他是那个有瑕疵的模型的提出者之一。

费米和冯·诺伊曼对仅含有 4 个参数的模型表示怀疑。前面用于对 MNIST 数字进行分类的神经网络有 30 个隐藏神经元,以及近 24 000 个参数!确实不少。有 100 个隐藏神经元的网络的参数数量将近 80 000,而目前更高级的深度神经网络包含百万级甚至十亿级的参数。它们产生的结果可信赖吗?

下面构造一个泛化能力很差的神经网络来回答这个问题。该神经网络有 30 个隐藏神经元,共 23 860 个参数,但我们不会使用所有 50 000 幅 MNIST 训练图像,而只使用前 1000 幅图像,因为使用这个有限的集合能凸显泛化问题。按照之前的方式使用交叉熵代价函数,设置学习率 $\eta = 0.5$,小批量大小设置为 10,不过要训练 400 轮,比前面的多一些,因为只用了少量训练样本。下面使用 network2 来研究代价函数的变化情况:

```
>>> import mnist_loader
>>> training_data, validation_data, test_data = \
... mnist_loader.load_data_wrapper()
>>> import network2
>>> net = network2.Network([784, 30, 10], cost=network2.CrossEntropyCost)
>>> net.large_weight_initializer()
>>> net.SGD(training_data[:1000], 400, 10, 0.5, evaluation_data=test_data,
... monitor_evaluation_accuracy=True, monitor_training_cost=True)
```

根据上面的结果,可以画出该神经网络学习时的代价变化情况[1],如图 3-9 所示。

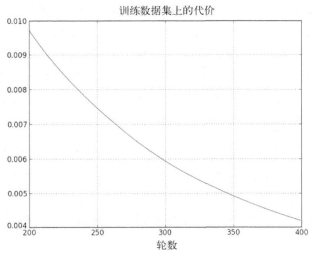

图　3-9

① 此图以及接下来的 4 幅图由程序 overfitting.py 生成。

形势可观，代价呈现平滑的下降，跟预期一致。注意，这里只展示了 200～399 轮的情况，因为训练后期有些地方值得研究。

分类准确率在测试集上的表现如图 3-10 所示。

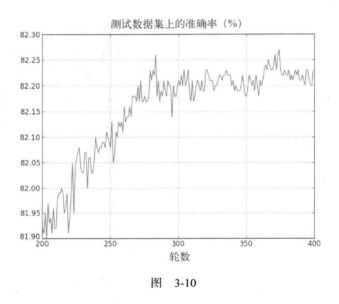

图　3-10

这里还是聚焦训练后期。前 200 轮（图中未显示）准确率提升到了近 82%，随后学习趋缓，最终在 280 轮左右停止增长。280 轮后的准确率只是随机上下小幅波动。对比图 3-9 和图 3-10，图 3-9 中跟训练数据相关的代价持续平滑下降。如果只看那个代价，会发现模型的表现变得"更好"了，然而测试准确率表明提升只是一种假象。就像费米不大喜欢的那个模型一样，神经网络在 280 轮后就不再能泛化到测试数据了，所以这并非有效的学习。可以说神经网络在 280 轮训练后就**过拟合**或者**过度训练**了。

你可能想知道这里的问题是否由于看的是训练数据的代价，对比的却是测试数据上的分类准确率。换言之，可能这里在比较苹果和橙子。如果比较训练数据上的代价和测试数据上的代价，会怎么样呢？是在比较相似的度量吗？能否比较两个数据集上的分类准确率？实际上，不管使用什么度量方式，尽管细节上会变化，但本质上都是相同的。测试数据集上的代价变化情况如图 3-11 所示。

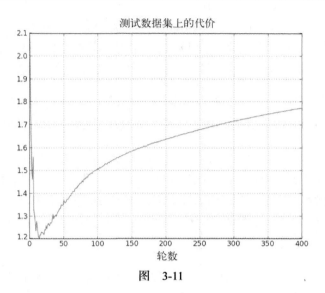

图 3-11

测试集上的代价在 15 轮前一直提升，之后越来越差，尽管训练数据集上的代价表现越来越好，也仍然如此。这其实是模型过拟合的另一种迹象。应当将 15 轮还是 280 轮当作过拟合开始影响学习的时间点？尽管有这个令人困扰的问题，但从实践角度讲，我们的目标是提升测试数据集上的分类准确率，而测试集上的代价不过是分类准确率的一个反映，因此更合理的选择是将 280 轮看作过拟合开始影响学习的时间点。

另一个过拟合的迹象从训练数据上的分类准确率上也能看出来，如图 3-12 所示。

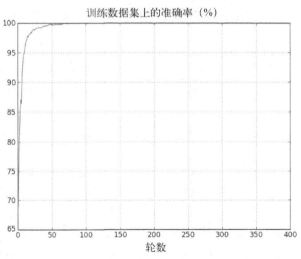

图 3-12

准确率一路提升至 100%，即该神经网络能够正确分类所有 1000 幅图像！而此时的测试准确率仅仅达到了 82.27%。所以该神经网络实际上在学习训练数据集的特例，而无法进行一般的识别。该神经网络几乎只是单纯地记忆训练集，而没有理解数字的本质并泛化到测试数据集。

过拟合是神经网络的一个主要问题，在现代神经网络中很常见，因为其中的权重和偏置往往数量庞大。为了高效训练，需要运用一种技术检测过拟合是否发生，以避免过度训练并降低过拟合的影响。

检测过拟合的典型方法如前所述，即跟踪测试数据集上准确率随训练变化的情况。如果看到测试数据集上的准确率不再提升，就停止训练。当然，严格地说，这其实不是过拟合的一个必然现象，因为测试集和训练集上的准确率可能同时停止提升。当然，采用这样的策略可以避免过拟合。

下面使用这种策略的变体来进行试验。之前加载 MNIST 数据时加载了 3 个数据集：

```
>>> import mnist_loader
>>> training_data, validation_data, test_data = \
... mnist_loader.load_data_wrapper()
```

前面一直在使用 training_data 和 test_data，没有用到 validation_data。validation_data 包含了 10 000 幅数字图像，这些图像与 MNIST 训练数据集中的 50 000 幅图像和测试数据集中的 10 000 幅图像都不同。我们将使用 validation_data 而不是 test_data 来避免过拟合，策略与之前对 test_data 采用的相同。每轮训练最后都计算在 validation_data 上的分类准确率。一旦分类准确率饱和，就停止训练，该策略称为**提前停止**。当然，实际应用中无法立即知道何时准确率饱和，所以我们会一直训练，直到确定准确率已经饱和[①]。

为何使用 validation_data 替代 test_data 来避免过拟合问题呢？实际上，这是一般策略的一部分，这个一般策略就是使用 validation_data 来衡量选择不同超参数（比如训练轮数、学习率、最佳神经网络架构等）的效果。我们使用这样的方法来找到超参数的合适值。因此，尽管前面没有提及这点，但其实已经稍微介绍了选择超参数的一些方法（稍后详述）。

当然，这仍然没有回答为什么用 validation_data 而不是 test_data 来避免过拟合问题。实际上，有个更为一般的问题：为何用 validation_data 代替 test_data 来设置更好的超参数？原

---

① 这里需要一些判定标准来确定何时停止。前面的图中将 280 轮看作饱和点，可能有点草率了，因为神经网络有时会在训练中处于一个稳定期，然后又开始提升。如果在 400 轮后，性能又开始提升（也许只是少许提升），也不无可能。因此，提前停止的实施策略可能激进，也可能温和。

因是设置超参数时，我们想尝试不同的超参数选择。如果基于 test_data 设置超参数，可能最终会在 test_data 上过拟合超参数。也就是说，可能会找到那些符合 test_data 特征的超参数，但神经网络的表现并不能泛化到其他数据集。我们借助 validation_data 来克服这个问题，一旦获得想要的超参数，就使用 test_data 测试准确率，test_data 上的测试结果能够衡量神经网络的泛化能力。换言之，可以将验证集看作一种特殊的训练数据集，它有助于学到好的超参数。这种寻找好的超参数的方法有时称作 hold out（取出）方法，因为 validation_data 是从 training_data 训练集中留出或者取出的一部分。

在实际应用中，甚至在衡量了 test_data 的表现后，我们可能会改变想法并尝试其他方法，也许会采用不同的神经网络架构，而这会涉及寻找新的超参数。这样做的话，不会陷入在 test_data 上过拟合的困境吗？是否需要数据集的一种潜在无限回归，以确保模型能够泛化？消除这样的疑惑其实是一个艰深的问题，但是对我们实际应用的目标，无须担心太多。我们会继续使用 training_data、validation_data 和 test_data 采用过的基本 hold out 方法。

前面研究过拟合问题只使用了 1000 幅训练图像，如果使用所有 50 000 幅图像进行训练会怎样？我们保持其他所有参数都相同（30 个隐藏神经元，学习率为 0.5，小批量大小为 10），但是轮数为 30。图 3-13 展示了分类准确率在训练集和测试集上的变化。请注意，使用的是测试集，而不是验证集，为的是便于跟前面的图比较。

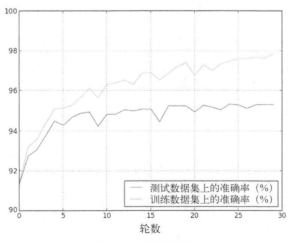

图 3-13（见彩插）

图中显示测试集和训练集上的准确率相比使用 1000 幅训练图像时相差更小，其中在训练集上的最佳分类准确率为 97.86%，只比测试集上的准确率 95.33% 高了 2.53%。而在之前的例子中，这个差距是 17.73%。过拟合仍然发生了，但是减轻了不少，神经网络从训练数据更好地泛化到了测试数据。通常降低过拟合的有效方式之一是增加训练样本的数量。有了足够的训练数据，规模较大的神经网络不大容易过拟合。然而训练数据其实是很难获取或者很昂贵的资源，所以这不是一种切实的选择。

3.2.1   正则化

增加训练样本的数量是一种缓解过拟合的方法，还有其他方法吗？另一种可行的方法是缩小神经网络的规模，然而大型神经网络比小型神经网络的潜力大，采用大型神经网络往往是不得已的选择。

好在还有其他技术能够缓解过拟合，即使只有一个固定的神经网络和固定的训练集也可行，这种技术就是**正则化**。下面会介绍常用的正则化手段，有时称为**权重衰减**或者 L2 **正则化**。L2 正则化的思想是对代价函数增加额外的一项——正则化项。正则化的交叉熵如下所示：

$$C = -\frac{1}{n}\sum_{xj}\Big[\,y_j\ln a_j^L + (1-y_j)\ln(1-a_j^L)\,\Big] + \frac{\lambda}{2n}\sum_w w^2 \tag{85}$$

其中第一项就是交叉熵的常规表达式，加入的第二项是所有权重的平方和。然后使用一个因子 $\lambda/2n$ 进行量化调整，可以将 $\lambda > 0$ 称作正则化参数，n 是训练集的大小，稍后会讨论选择 λ 的策略。需要注意的是，正则化项中不含偏置，稍后详述。

当然，也可以对其他代价函数进行正则化，例如二次代价函数。类似的正则化形式如下：

$$C = \frac{1}{2n}\sum_x \|\, y - a^L \|^2 + \frac{\lambda}{2n}\sum_w w^2 \tag{86}$$

两者都可以写成如下形式：

$$C = C_0 + \frac{\lambda}{2n}\sum_w w^2 \tag{87}$$

其中 C_0 是原始的代价函数。直观而言，正则化的效果是让神经网络倾向于学习小的权重，其他地方都相同。大的权重只在能给代价函数第一项带来足够提升时才被允许。换言之，可以把正则化视作一种寻找小的权重和最小化原始代价函数之间的折中方案。这两部分之间的相对重要性由 λ 的值来控制：λ 越小，就越倾向于最小化原始代价函数；反之倾向于小的权重。

至此，还未解释这样的折中方案为何能减轻过拟合，但实际表现证明了这一点，稍后会回答这个问题。下面看一个证明正则化的确能减轻过拟合的例子。

为了构造这个例子，首先需要弄清楚如何对正则化的神经网络应用随机梯度下降算法，我们需要知道如何计算神经网络中所有权重和偏置的偏导数 $\partial C / \partial w$ 和 $\partial C / \partial b$。对方程(87)求偏导数可得：

$$\frac{\partial C}{\partial w} = \frac{\partial C_0}{\partial w} + \frac{\lambda}{n} w \tag{88}$$

$$\frac{\partial C}{\partial b} = \frac{\partial C_0}{\partial b} \tag{89}$$

如第 2 章所述，可以通过反向传播计算 $\partial C_0 / \partial w$ 和 $\partial C_0 / \partial b$。所以计算正则化的代价函数的梯度很简单，只需要运用反向传播，然后加上 $\frac{\lambda}{n}w$ 得到所有权重的偏导数。而偏置的偏导数保持不变，所以偏置的梯度下降学习规则不会改变。

$$b \to b - \eta \frac{\partial C_0}{\partial b} \tag{90}$$

权重的学习规则变为：

$$w \to w - \eta \frac{\partial C_0}{\partial w} - \frac{\eta \lambda}{n} w \tag{91}$$

$$= \left(1 - \frac{\eta \lambda}{n}\right) w - \eta \frac{\partial C_0}{\partial w} \tag{92}$$

除了通过因子 $1 - \frac{\eta \lambda}{n}$ 重新调整了权重 w，这和一般的梯度下降学习规则相同。这种调整有时称作**权重衰减**，因为它使得权重变小。粗略地看，这样会导致权重不断下降到 0，但实际并非如此，因为如果这样导致原始代价函数中的权重下降，其他项可能会让权重增加。

这就是梯度下降算法的工作原理，那么随机梯度下降算法呢？正如在没有正则化的随机梯度下降算法中，可以通过平均 m 个训练样本的小批量来估计 $\partial C_0 / \partial w$，为了实现随机梯度下降，正则化学习规则就变成如下形式，请参考方程(20)：

$$w \to \left(1 - \frac{\eta \lambda}{n}\right) w - \frac{\eta}{m} \sum_x \frac{\partial C_x}{\partial w} \tag{93}$$

其中求和是对小批量中的训练样本 x 进行的，而 C_x 是每个训练样本的非正则化代价。这其实和之前一般的随机梯度下降学习规则相同，除了有一个权重下降因子 $1 - \frac{\eta \lambda}{n}$。最后，完整起见，给出偏置的正则化的学习规则，当然，和之前的非正则化的情形是一致的，参考方程(21)：

$$b \rightarrow b - \frac{\eta}{m} \sum_x \frac{\partial C_x}{\partial b} \tag{94}$$

其中求和是对小批量中的训练样本 x 进行的。

　　下面看看正则化给神经网络带来的性能提升。这里使用的神经网络也有 30 个隐藏神经元，小批量大小为 10，学习率为 0.5，运用交叉熵，但会使用正则化参数 $\lambda = 0.1$。注意，代码中使用的变量名字为 lmbda，因为在 Python 中 lambda 是关键字，有着其他含义。这里会再次使用 test_data，而不是 validation_data。严格地讲，应当使用 validation_data，前面已经讲过了，这里这样做，是便于和非正则化的结果进行对比。你可以轻松地调整为 validation_data，结果是相似的。

```
>>> import mnist_loader
>>> training_data, validation_data, test_data = \
... mnist_loader.load_data_wrapper()
>>> import network2
>>> net = network2.Network([784, 30, 10], cost=network2.CrossEntropyCost)
>>> net.large_weight_initializer()
>>> net.SGD(training_data[:1000], 400, 10, 0.5,
... evaluation_data=test_data, lmbda = 0.1,
... monitor_evaluation_cost=True, monitor_evaluation_accuracy=True,
... monitor_training_cost=True, monitor_training_accuracy=True)
```

　　训练集上的代价持续下降，和前面非正则化的情况规律相同，如图 3-14 所示[①]。

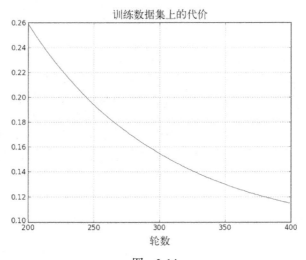

图　3-14

---

① 此幅以及下两幅图由程序 overfitting.py 生成。

但是这次测试集上的准确率在 400 轮训练内持续提高，如图 3-15 所示。

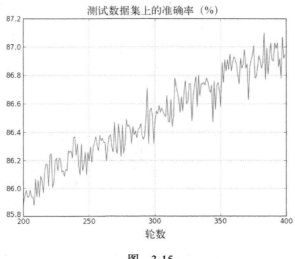

图　3-15

显然，使用正则化能够解决过拟合问题，而且准确率相当高，最高达到了 87.10%，相较之前的 82.27% 进步明显。因此，几乎可以确信在 400 轮训练之后持续训练会有更好的结果。实践表明，正则化增强了神经网络的泛化能力，能显著降低过拟合的影响。

如果跳出仅用 1000 幅训练图像的场景，转而用所有 50 000 幅图像的训练集，会发生什么？当然，之前已经看到大规模数据上的过拟合其实不那么明显，那么正则化能否起到相应的作用呢？保持超参数和之前的相同：训练 30 轮，学习率为 0.5，小批量大小为 10，但这里需要改变正则化参数，因为训练数据的规模已经从 $n = 1000$ 变成了 $n = 50\,000$，这会改变权重衰减因子 $1 - \frac{\eta\lambda}{n}$。如果持续使用 $\lambda = 0.1$ 就会产生很小的权重衰减，进而会减弱正则化的效果。可以通过修改为 $\lambda = 5.0$ 来补偿这种下降。

下面训练神经网络，重新初始化权重。

```
>>> net.large_weight_initializer()
>>> net.SGD(training_data, 30, 10, 0.5,
... evaluation_data=test_data, lmbda = 5.0,
... monitor_evaluation_accuracy=True, monitor_training_accuracy=True)
```

结果如图 3-16 所示。

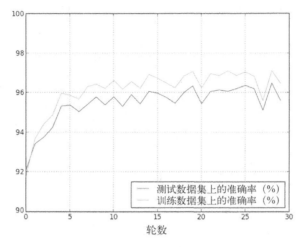

图　3-16（见彩插）

这个结果很不错。第一，测试集上的分类准确率在使用正则化后有了提升，从 95.49% 到了 96.49%，这是不小的进步。第二，可以看到训练数据和测试数据上结果之间的差距也缩小了。虽然差距仍较大，但是在降低过拟合上已经取得了显著进步。

最后，看看在使用 100 个隐藏神经元和正则化参数 $\lambda = 5.0$ 时的测试分类准确率。这里不会给出详细分析，只是看看使用一些技巧（交叉熵函数和 L2 正则化）能够达到多高的准确率。

```
>>> net = network2.Network([784, 100, 10], cost=network2.CrossEntropyCost)
>>> net.large_weight_initializer()
>>> net.SGD(training_data, 30, 10, 0.5, lmbda=5.0,
... evaluation_data=validation_data,
... monitor_evaluation_accuracy=True)
```

最终验证集上的准确率达到了 97.92%，与 30 个隐藏神经元的情况相比是较大的跃升。实际上，稍做改变，以 $\eta = 0.1$ 和 $\lambda = 5.060$ 训练 60 轮，就能突破 98%，达到 98.04% 的分类准确率。就 152 行代码而言，效果很不错了！

前面把正则化描述为一种缓解过拟合并提高分类准确率的方法。实际上，这不是仅有的好处。实践表明，对于 MNIST 图像分类问题，使用不同的（随机的）权重初始化多次训练神经网络，非正则化的神经网络会偶尔卡住，明显困在代价函数的局部最小值处，结果就是不同的运行结果会相差很大。对比看来，正则化的神经网络的结果更具重复性。

为何会这样？经验所见，如果代价函数是非正则化的，那么权重向量的长度可能会增加，而其他地方保持不变。随着时间的推移，这会导致权重向量变得非常大，进而会使得权重向量或多或少在同一个方向上卡住，因为长度很长时梯度下降的变化仅仅会在那个方向引发微小的改变。这个现象让学习算法难以有效地探索权重空间，最终导致很难找到代价函数的最小值。

3.2.2 为何正则化有助于减轻过拟合

前面讲到在实践中正则化能够减轻过拟合，但未讨论背后的原因。通常的解释是：在某种程度上小的权重意味着复杂性更低，也就能对数据给出一种更简单却更有力的解释，因此应该优先选择。原因虽然很简单，但是暗藏了一些可能会令人困惑的因素。下面将这个解释细化，仔细研究一下。首先对一个简单的数据集建立模型，如图 3-17 所示。

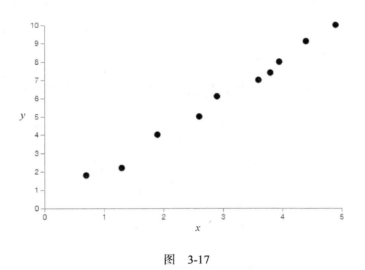

图　3-17

这其实是在研究某种真实的现象，x 和 y 代表真实数据。我们的目标是训练一个模型来预测 y 关于 x 的函数。可以使用神经网络来构建这个模型，但先尝试简单做法：用一个多项式来拟合数据。这样做的原因是相比神经网络，多项式更清晰易懂。一旦理解了使用多项式的场景，对于神经网络可如法炮制。图 3-18 中有 10 个点，可以找到唯一的 9 阶多项式 $y = a_0x^9 + a_1x^8 + \cdots + a_9$ 来完全拟合数据。多项式的图像如图 3-18 所示[①]。

——————————
① 这里没有明确列出这些系数，用 NumPy 的 polyfit 可以找到。

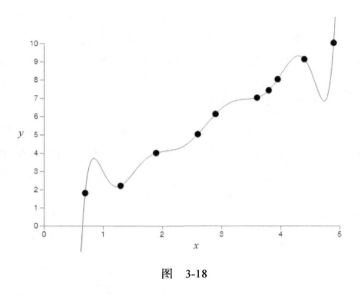

图　　3-18

这给出了一个准确的拟合，而使用线性模型 $y = 2x$ 也能实现很好的拟合，如图 3-19 所示。

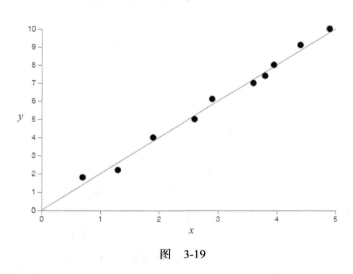

图　　3-19

哪个模型更好？哪个可能更真实？哪个模型更可能泛化到有同样现象的其他样本？

这些问题都很难回答。实际上，如果没有关于真实现象背后的更多信息，并不能准确回答这些问题，但可以考虑两种可能的情况：(1) 9 阶多项式实际上是完全描述了真实情况的模型，最终它能够很好地泛化；(2) 正确的模型是 $y = 2x$，但存在由测量误差导致的额外噪声，使得模型无法准确拟合。

　　无法先验地判断哪个是正确的（或许还有其他可能存在）。从逻辑上讲，这些都可能出现，而且它们之间的差异并非微不足道。在所给的数据上，两个模型的表现相差不大，但是假设我们想预测某个超过图中所有 x 所对应的 y 值，两个模型给出的结果肯定存在极大的差异，因为 9 阶多项式模型肯定会被 x^9 这一项主导，而线性模型仍呈现线性增长。

　　一种科学观点是除非不得已，否则应该采用更简单的解释。在找到一个似乎能够解释很多数据样本的简单模型时，我们往往会激动地以为发现了规律。总之，简单的解释似乎不大可能是偶然出现的。我们怀疑模型一定会体现出关于现象的某些内在真理。就像前面的例子，线性模型 $y = 2x$ 加噪声 $y = a_0 x^9 + a_1 x^8 + \cdots$ 肯定比多项式更有可能。如果简单性是偶然出现的就很令人诧异，因此我们认为线性模型加噪声表达出了一些潜在的真理。从这个角度看，多项式模型仅仅学到了局部噪声的影响。因此，尽管多项式对于这些特定的数据点表现得很好，但是模型最终会在对未知数据的泛化上出现问题，所以线性模型的预测能力更强。

　　以这个视角来看神经网络。假设神经网络的权重大多很小，这最可能出现在正则化的神经网络中。更小的权重意味着神经网络的行为不会因为一个输入的改变而显著改变，这使得正则化的神经网络不易学习局部噪声的影响。可以把它看作这样一种方式：让个别情况不会太影响神经网络输出。相反，正则化的神经网络学习如何对整个训练集中经常出现的情况做出反应。与之相对，拥有大权重的神经网络可能会因为输入的微小改变而在行为上发生较大的改变，所以非正则化的神经网络可以使用大的权重来学习训练数据中的噪声包含大量信息的复杂模型。简而言之，正则化的神经网络受限于根据训练数据中的常见模式来构造相对简单的模型，因而能够抵抗训练数据中噪声特征的影响。这可以让神经网络对见到的现象进行实际的学习，并能够根据学到的知识更好地泛化。

　　因此，倾向于更简单的解释其实并不可靠。有时人们将这种想法称为**奥卡姆剃刀原则**，并将其当成某种科学原理来应用。但这本不是一般的科学原理，也没有任何先验的逻辑原因证明简单的解释优于复杂的解释。实际上，有时复杂的解释是正确的。

　　下面举两个"复杂却正确"的例子。20 世纪 40 年代，物理学家马塞尔·沙因声称他发现了新的粒子。他所任职的通用电气公司非常高兴，大力宣传该发现，但物理学家汉斯·贝特对此抱有怀疑的态度。贝特拜访沙因，沙因向他展示新粒子轨迹的 plate，但是贝特在每一张图表上都发现了一些问题，这些问题暗示着数据应该被丢弃。最后，沙因向贝特展示了一张看起来不错的图表。贝特说这可能只是统计上的巧合。沙因说："是的，但即使根据你自己的公式，这是巧合的概率也只有 1/5。"贝特说："但我们已经看过这 5 个 plate 了。"最终沙因说："但是在我的 plate 中，每个好的 plate，每个好的场景，你都采用了不同的理论进行解释，而我的一种假设可以解释所有的 plate，说明它们是新的粒子。"贝特回答说："你和我的解释之间的唯一差别就是你的是错的，而我所有的观点都是正确的。你的单一解释是错误的，我的多重解释是正确的。"后续的研究证实了贝特的想法是正确的，而沙因的"粒子"不存在[①]。

再来看一个例子。1859 年，天文学家于尔班·勒·韦里耶观测到水星并没有按照牛顿万有引力所说的轨迹运转，与之存在很小的偏差，当时的解释是牛顿力学需要进行一些微小的改动。1916 年，爱因斯坦提出的广义相对论可以更好地解释这种偏差，该理论和牛顿引力体系相差很大，基于更复杂的数学。尽管更复杂，但如今爱因斯坦的解释被视作正确的，而牛顿力学即使做出一些调整，仍是错误的。众所周知，爱因斯坦的理论不仅解释了该问题，还能完美解释牛顿力学无法解释的其他很多问题。另外，惊人的是，爱因斯坦的理论准确地预测了牛顿力学没能预测的一些现象，这些现象其实在先前的时代是观测不到的。如果仅仅以简单性作为判断模型是否合理的基础，那么牛顿力学的一些改进理论可能更合理。

这些故事包含了三点启示：第一，确定两种解释中哪种"更简单"其实是一项相当微妙的工作；第二，即使可以做出这样一种判断，也要慎用简单性作为指导；第三，对模型来说，真正的测试重点不是简单性，而是它在新场景中对新情况的预测能力。

所以，我们应当记住一点：经验表明，正则化的神经网络往往比非正则化的神经网络具有更强的泛化能力，所以本书余下内容会频繁使用正则化技术。前面的故事只是为了说明目前没有理论能够解释正则化有助于神经网络泛化的原因。实际上，研究人员仍在研究不同的正则化方法，比较它们的表现，并分析为何不同的方法效果不同。可以将正则化看作"野路子"。尽管效果不错，但并没有一套完整的理论解释其原理，它们仅仅是没有科学依据的经验法则。

更深层同时有关科学的关键问题是如何泛化。正则化在计算上的神奇助益，有利于神经网络更好地泛化，但其泛化机制不明，最佳方法也不确定。

这实在令人困扰，因为在日常生活中，人类很擅长泛化。给儿童几幅大象的图片，他们能快速学会辨认其他大象。当然，偶尔他们也会搞错，可能将犀牛误认为大象，但一般相当准确。人的大脑相当于一个系统，拥有大量自由变量，在接收少量训练图像后，该系统就能学会如何泛化到其他图像。在某种程度上，人类大脑的正则化水平非常高！但其机制目前还不得而知。若干年后，我们也许能够研究出更强大的技术来对神经网络进行正则化，这些技术让神经网络在小型训

---

① 该故事由物理学家理查德·费曼和历史学家查尔斯·韦纳在一次采访中讲述。

练集上也能学到强大的泛化能力。

实际上,我们的神经网络好于预期。拥有 100 个隐藏神经元的神经网络,其参数接近 80 000 个,而训练集仅仅有 50 000 幅图像,好似用一个 80 000 阶的多项式来拟合 50 000 个数据点。该神经网络肯定会严重过拟合,实际上却泛化得很好。为什么?这一点不太好理解。对此有个猜想[①]:梯度下降算法的学习过程有一种自正则化的效应。这是一种意外的好处,但不了解其本质依然让人不安。后文仍会务实地应用正则化技术,以此提升神经网络的表现。

回到前面未解释的一处细节:L2 正则化没有限制偏置。当然,对正则化的过程稍做调整就可以规范偏置。然而实践表明,这样的调整并不会显著改变结果,因此在某种程度上,是否对偏置进行正则化其实只是一种习惯。然而,需要注意的是,大的偏置并不会像大的权重那样会让神经元对输入太过敏感,所以无须太过担心大的偏置会导致神经网络学习训练数据中的噪声。此外,大的偏置能让神经网络更灵活,因为可以让神经元更容易饱和,这通常是理想的效果。因此,通常不会对偏置进行正则化。

3.2.3 其他正则化技术

除了 L2 正则化外,还有很多正则化技术。实际上,由于数量众多,这里不会尽述。下面简要介绍能减轻过拟合的其他 3 种方法:L1 正则化、Dropout 和人为扩展训练数据。这里不会像前面讲解得那么深入,而旨在概述主要的思想,展示正则化技术的多样性。

L1 正则化:该方法是给非正则化的代价函数加上一个权重绝对值的和:

$$C = C_0 + \frac{\lambda}{n} \sum_w |w| \tag{95}$$

直观而言,这和 L2 正则化很相似,惩罚大的权重,倾向于让神经网络优先选择小的权重。当然,L1 正则化和 L2 正则化并不相同,所以不应期望 L1 正则化会有完全相同的结果。下面分析二者的不同。

首先研究代价函数的偏导数。对方程(95)求导可得:

$$\frac{\partial C}{\partial w} = \frac{\partial C_0}{\partial w} + \frac{\lambda}{n} \text{sgn}(w) \tag{96}$$

[①] Yann LeCun, Léon Bottou, Yoshua Bengio, Patrick Haffner. *Gradient-Based Learning Applied to Document Recognition*, 1998.

其中 sgn(w) 是 w 的正负号，即 w 是正数时为 +1，w 是负数时为 -1。使用该表达式，可以轻松地修改反向传播，从而使用基于 L1 正则化的随机梯度下降算法进行学习。L1 正则化的神经网络的更新规则如下：

$$w \rightarrow w' = w - \frac{\eta\lambda}{n}\mathrm{sgn}(w) - \eta\frac{\partial C_0}{\partial w} \tag{97}$$

如前所示，可以用一个小批量的均值来估计 $\partial C_0 / \partial w$。参见方程(93)，对比 L2 正则化的更新规则，有：

$$w \rightarrow w' = w\left(1 - \frac{\eta\lambda}{n}\right) - \eta\frac{\partial C_0}{\partial w} \tag{98}$$

在两种情形下，正则化的效果是缩小权重。这符合常理，两种正则化都惩罚大的权重，但权重缩小的方式不同。在 L1 正则化中，权重通过一个常量向 0 缩小；在 L2 正则化中，权重通过一个和 w 成比例的量进行缩小。因此，当一个特定的权重绝对值 |w| 很大时，L1 正则化的权重缩小得远比 L2 正则化少得多，而当一个特定的权重绝对值 |w| 很小时，L1 正则化的权重缩小得要比 L2 正则化多得多。最终的结果就是，L1 正则化倾向于将神经网络的权重聚集在相对少量的重要连接上，而其他权重会趋向 0。

前面的讨论其实忽略了一个问题：当 w = 0 时，偏导数 $\partial C / \partial w$ 未定义。原因是函数 |w| 在 w = 0 时有个"直角"，导数其实是不存在的。但没有关系，下面就在 w = 0 处应用通常的（非正则化的）随机梯度下降学习规则。这应该不会有什么问题，直观而言，正则化的效果就是缩小权重，显然，已经是 0 的权重无法再缩小了。具体而言，我们将使用方程(96)和方程(97)并约定 sgn(0) = 0，这样就能以合理严谨的规则来使用 L1 正则化实现随机梯度下降了。

Dropout（随机丢弃）：这是一种相当激进的技术。和 L1 正则化及 L2 正则化不同，该技术并不依赖修改代价函数，而会改变神经网络本身。在介绍它为何有效及其作用前，先讲解它的基本工作机制。

假设我们尝试训练一个神经网络，如图 3-20 所示。

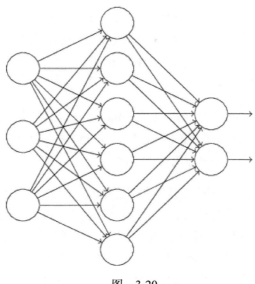

图 3-20

假设有训练输入 x 和对应的目标输出 y，我们通常会在神经网络中前向传播 x，然后反向传播来确定对梯度的作用。使用 Dropout 的话，过程就不同了。开始时随机暂时删除神经网络中一半的隐藏神经元，而输入层和输出层的神经元保持不变。这样最终会得到如图 3-21 所示的神经网络。注意那些被随机丢弃的神经元，即那些暂时被删除的神经元，图中用虚圈表示。

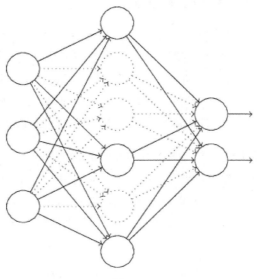

图 3-21

我们前向传播输入 x，途经修改过的神经网络，然后反向传播结果，同样经过这个修改过的神经网络。在一个小批量的若干样本上进行这些操作后，更新相关的权重和偏置，然后重复该过程。首先重置随机丢弃的神经元，然后随机删除隐藏神经元的一个新的子集，估计不同的小批量的梯度，然后更新权重和偏置。

通过不断地重复，神经网络学到了一个权重和偏置的集合。当然，这些权重和偏置也是在半数隐藏神经元被随机丢弃的情形下学到的。当实际运行整个神经网络时，两倍的隐藏神经元将被激活。为了抵消，我们将隐藏神经元输出的权重减半。

这个随机丢弃过程可能看起来奇怪，像是临时安排的。为什么这样的方法能够实现正则化呢？为了解释其行为，先思考没有采用 Dropout 的标准训练方式。设想使用相同的训练数据训练不同的神经网络。当然，神经网络的初始状态可能不同，最终的结果也会有一些差异。出现这种情况时，可以通过平均或者投票的方式来确定接受哪个输出。例如训练了 5 个神经网络，其中 3 个把一个数字分类为"3"，那该数字很可能就是"3"，另外两个神经网络可能犯了错误。这种平均的方式通常能有效减轻过拟合（不过代价高昂），原因是不同的神经网络可能会以不同的方式过拟合，平均法可能有助于缓解过拟合。

这和 Dropout 有什么关系呢？当随机丢弃不同的神经元集合时，有点像在训练不同的神经网络，因此随机丢弃过程相当于把不同神经网络的效果平均了。不同的神经网络以不同的方式过拟合，所以应用了 Dropout 的神经网络能减轻过拟合。

早期使用这项技术的论文[1]给出了一个相关的启发性解释："因为神经元不能依赖其他特定的神经元，所以该技术其实减少了神经元间复杂的互适应，而强制学习那些在神经元的不同随机子集中更为稳固的特征。"换言之，如果将神经网络看作一个负责做出预测的模型，Dropout 就有助于确保模型应对部分情形缺失的稳健性。这样看来，Dropout 和 L1 正则化及 L2 正则化有相似之处，它也倾向于更小的权重，最后使得神经网络对缺失单个连接的场景更稳健。

当然，Dropout 的真正价值在于能显著提升神经网络的性能。原论文[2]介绍了将其应用于不同任务，论文作者在 MNIST 手写数字分类上应用 Dropout，使用了一个和本书之前介绍的类似的普通前馈神经网络。这篇论文提到之前最好的结果是在测试集上准确率达到了 98.4%。他们综合运用了 Dropout 和 L2 正则化，将准确率提高到了 98.7%。类似地，Dropout 在其他任务上也取得了

---

① Alex Krizhevsky, Ilya Sutskever, Geoffrey Hinton. *ImageNet Classification with Deep Convolutional Neural Networks*, 2012.

② Geoffrey Hinton、Nitish Srivastava、Alex Krizhevsky 等人于 2012 年发表的论文 *Improving neural networks by preventing co-adaptation of feature detectors* 讨论了本书未讲到的许多细微之处。

一定成效，包括图像识别、语音识别、自然语言处理。Dropout 在训练大规模深度神经网络时尤其有用，因为在这样的神经网络中过拟合问题往往特别突出。

人为扩展训练数据：前面看到使用 1000 幅 MNIST 训练图像时分类准确率下降到了 85% 左右。这并不奇怪，因为训练数据减少意味着神经网络接触到的人类手写数字中的变化更少了。下面训练拥有 30 个隐藏神经元的神经网络，使用不同的训练数据集，看看表现的变化情况。我们使用的小批量大小为 10，学习率 $\eta = 0.5$，正则化参数 $\lambda = 5.0$，并使用交叉熵代价函数。在全部训练数据集上训练 30 轮，然后随着训练数据量的下降按比例增加训练轮数。为了确保权重衰减因子在训练数据集上相同，全部训练集上会采用正则化参数 $\lambda = 5.0$，然后在使用更小的训练集时按比例降低 λ 值，如图 3-22 所示[①]。

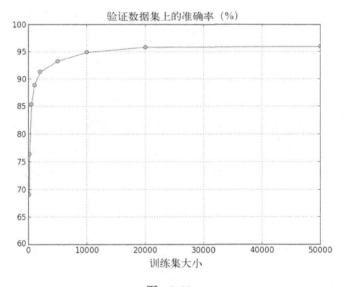

图 3-22

如图 3-22 所示，在使用更多训练数据后分类准确率提升了很多。根据这个趋势，数据越多，提升越多。当然，训练后期学习过程已经接近饱和了。然而，如果使用对数作为横坐标，可以重画此图，如图 3-23 所示。

---

① 此图及图 3-23 和图 3-26 由程序 more_data.py 生成。

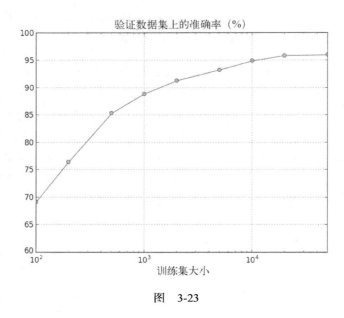

图   3-23

可见趋势仍一路走高。这表明如果使用大量训练数据——百万甚至十亿份手写样本，而不是仅仅 50 000 幅——那么性能可能会更强，即使是用简单的神经网络也会如此。

获取更多的训练样本其实是很好的想法，然而这个方法成本很高，实践中很难实现。不过，还有一种方法能够取得类似的效果，那就是人为扩展训练数据。假设使用一幅"5"的 MNIST 训练图像，如图 3-24 所示。

图   3-24

将其旋转 15°，如图 3-25 所示。

图   3-25

这仍会被识别为相同的数字，但是在像素层面与 MNIST 训练数据中的任何一幅图像都不同。因此将这样的样本加入训练数据中有助于神经网络学习如何分类数字。当然，能做的不限于只增加这一幅图像，我们可以对所有 MNIST 训练样本通过很多小的旋转扩展训练数据，然后基于这些数据来提升神经网络的性能。

这个想法非常棒并且已经广泛应用了，下面看看一篇论文[①]中的一些成果。在这篇论文中，作者对 MNIST 图像应用了该想法的几种变化形式，其中一种神经网络架构其实和前面讲过的类似——一个拥有 800 个隐藏神经元的前馈神经网络，使用交叉熵代价函数。在标准的 MNIST 训练数据上运行该神经网络，分类准确率达到了 98.4%。不只是旋转，他们还通过平移和扭曲图像来扩展训练数据。在扩展后的数据集上进行训练，准确率提升到了 98.9%。他们还在“弹性扭曲”的数据上进行了试验，这是一种模仿手部肌肉随机抖动的特殊的图像扭曲方法。使用“弹性扭曲”扩展而来的数据，分类准确率最终达到了 99.3%。他们通过训练数据的各种变化形式来丰富神经网络的经验。

除了手写数字识别任务，这种想法的变化形式也可以用于提升对其他学习任务的表现。一般通过应用反映现实世界变化的操作来扩展训练数据。这些方法其实并不难想，例如构建一个神经网络来进行语音识别，人类甚至可以在有背景噪声的情况下识别语音，因此可以通过增加背景噪声来扩展训练数据。同样，可以对其进行加速和减速来相应地扩展数据。然而这些技术并不总是有用的，例如与其在数据中加入噪声，不如先清除数据中的噪声，这样可能更有效。当然，在可以扩展数据时，也不妨为之。

> **练　习**
>
> 如前所述，扩展 MNIST 训练数据的一种方式是进行一些小的旋转，那么进行大的旋转会出现什么状况呢？

关于大规模数据及其对分类准确率影响的题外话：下面看看神经网络准确率随训练集大小变化的情况，如图 3-26 所示。

[①] Patrice Simard, Dave Steinkraus, John Platt. *Best Practices for Convolutional Neural Networks Applied to Visual Document Analysis*, 2003.

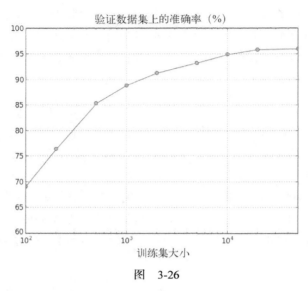

图 3-26

假设不用神经网络，而用其他机器学习技术来分类数字，例如支持向量机（SVM），第 1 章简单介绍过它。如前所述，不熟悉 SVM 也没有关系，这里不会深入讨论。我们使用 scikit-learn 库提供的 SVM 替换神经网络。SVM 模型的性能随训练数据集大小的变化情况如图 3-27 所示，图中也画出了神经网络的结果，以方便对比[1]。

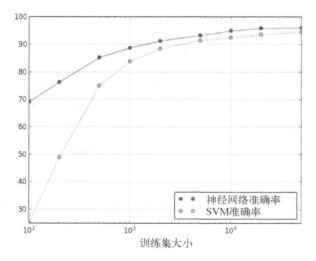

图 3-27（见彩插）

---

[1] 此图也是由程序 more_data.py 生成的。

令人惊讶的是，神经网络在每个训练规模下性能都超过了 SVM。这很好！你对细节和原理可能不太了解，因为我们直接从 scikit-learn 中调用了该方法，而前面深入讲解了神经网络。更微妙和更有趣的现象其实是，如果使用 50 000 幅图像训练 SVM，那么实际上其准确率（94.48%）已经超过了使用 5000 幅图像的神经网络的准确率（93.24%）。换言之，更多的训练数据可以抵消不同的机器学习算法之间的差距。

更有趣的现象也出现了。假设尝试用两种机器学习算法解决问题。有时算法 A 在一个训练集上的表现强于算法 B，却在另一个训练集上弱于算法 B。前面并没有出现这种情况，因为这样两幅曲线图中会出现交叉点，而这里并没有[1]。对于"算法 A 是否优于算法 B"，要看所用的训练集。

在着手开发或者阅读研究论文时，需要谨记这些。很多论文聚焦于寻找新的技巧来提升在标准数据集上的表现。常见的研究声明有"我们的先进技术在标准测试集 Y 上实现了百分之 X 的性能提升"。这样的声明很有趣，不过我们必须意识到那是在特定训练数据集上的效果。设想那些创建了基准数据集的人们得到了更多研究经费的支持，这样就能获得更多训练数据了。可以想见，他们的先进技术所带来的性能提升在面对更大的数据集时可能就不复存在了。换言之，人们标榜的提升可能只是历史的偶然。因此需要记住，尤其在实际应用中，我们想要的是更好的算法和更好的训练数据。寻找更好的算法当然很好，但要确保在此过程中，没有放弃对更多、更好的数据的追求。

> ## 问　题
>
> （**研究问题**）机器学习算法在非常大的数据集上如何执行？对于任何给定的算法，其实定义一种随着训练数据规模变化的渐近性能是一种很自然的尝试。一种简单粗糙的方法就是拟合前面图中的趋势，然后据此展开推测。与此对立的观点是拟合曲线的不同方式会展现不同的渐近性能。你能找到拟合特定类别曲线的验证方法吗？如果可以，请比较不同的机器学习算法的渐近性能。

小结：至此就介绍完了过拟合和正则化，当然，之后会再回顾。如前所述，过拟合是神经网络中的一个重要问题，尤其随着计算机越来越强大，我们可以训练更大的神经网络，因此迫切需要强大的正则化技术来减轻过拟合，这也是当前研究的活跃领域。

---

[1] Michele Banko, Eric Brill. *Scaling to very very large corpora for natural language disambiguation*, 2001.

3.3   权重初始化

创建好神经网络后，需要对权重和偏置进行初始化。前面一直根据第 1 章所讲内容进行初始化，即根据独立高斯随机变量来选择权重和偏置，归一化后均值为 0，标准差为 1。这个方法效果还不错，但是非常特别，值得深入探讨，看看能否找到一些更好的方法来设置初始的权重和偏置，也许能提高神经网络的学习速度。

实践表明有比归一化的高斯分布更好的初始化方法。假设使用一个有大量输入神经元的神经网络，比如有 1000 个，而且已经使用归一化的高斯分布初始化了连接第一个隐藏层的权重。现在关注这一层的连接权重，忽略神经网络的其他部分，如图 3-28 所示。

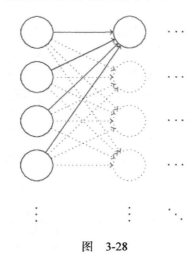

图　3-28

简单起见，假设使用训练输入 x，其中一半的输入神经元值为 1，另一半值为 0。下面的论点更具普适性，但你可以从这种特殊情况中掌握要点。考虑隐藏神经元输入的带权和 $z = \sum_j w_j x_j + b$，其中 500 项消去了，因为对应的输入 x_j 为 0。z 是遍历总共 501 个归一化的高斯随机变量的和，包含 500 个权重项和额外 1 个偏置项，因此 z 本身是一个均值为 0、标准差为 $\sqrt{501} \approx 22.4$ 的高斯分布。z 的高斯分布其实非常宽，并不是尖的形状，如图 3-29 所示。

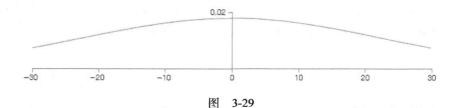

图　3-29

由图 3-29 可知，$|z|$ 会变得非常大，即 $z \geqslant 1$ 或者 $z \leqslant -1$。这样隐藏神经元的输出 $\sigma(z)$ 就会接近 1 或 0，也就表示隐藏神经元会饱和。所以当出现这种情况时，微调权重会给隐藏神经元的激活值带来极其微弱的改变。这种微弱的改变也会影响神经网络中的其他神经元，导致相应的代价函数发生改变。结果就是执行梯度下降算法时这些权重会学习得非常缓慢[①]。这其实和前面讨论的问题差不多，前面的情况是输出神经元在错误的值上饱和导致学习放缓。之前通过选择代价函数解决了问题，然而尽管那种方式对输出神经元有效，但对于隐藏神经元的饱和无效。

第一个隐藏层的权重输入大致如此。当然，类似的论证也适用于后面的隐藏层：如果后面隐藏层的权重也是用归一化的高斯分布进行初始化的，那么激活值将会非常接近 1 或 0，学习速度也会相当缓慢。

还有什么方法可以更好地进行初始化，避免这类饱和，最终避免学习速度下降吗？假设有一个带 n_{in} 个输入权重的神经元，我们会使用均值为 0、标准差为 $1/\sqrt{n_{in}}$ 的高斯随机分布初始化这些权重。也就是说，向下挤压高斯分布，让神经元更不可能饱和。我们会继续使用均值为 0、标准差为 1 的高斯分布来初始化偏置，稍后解释原因。基于这些设定，带权和 $z = \sum_j w_j x_j + b$ 仍然是一个均值为 0，但有尖锐峰值的高斯分布。假设有 500 个值为 0 的输入和 500 个值为 1 的输入，那么很容易证明 z 是遵循均值为 0、标准差为 $\sqrt{3/2} = 1.22\ldots$ 的高斯分布。峰值比之前更尖锐，为了直观地比较，甚至不得不压缩纵坐标，如图 3-30 所示。

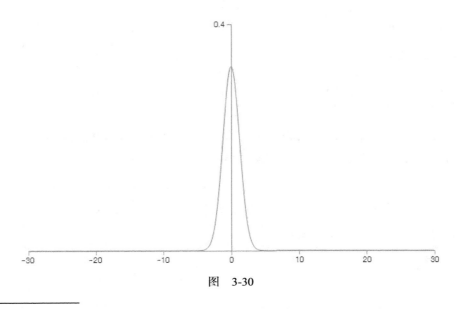

图　3-30

---

① 第 2 章详细讨论过这个问题，当时通过反向传播的方程得知输入至饱和神经元的权重学习缓慢。

这样的一个神经元更不可能饱和，因此也不大可能出现学习速度下降的问题。

练　习

验证 $z = \sum_j w_j x_j + b$ 的标准差为 $\sqrt{3/2}$。有两点提示：

(1) 随机独立变量和的方差是每个随机独立变量方差的和；

(2) 方差是标准差的平方。

前面提到，我们会继续使用之前的方式初始化偏置，就是使用均值为 0、标准差为 1 的高斯分布来初始化偏置。这其实是可行的，因为这样做并不会让神经网络更容易饱和。实际上，考虑到已经避免了饱和的问题，如何初始化偏置影响并不大。有些人将所有偏置初始化为 0，依赖梯度下降算法来学习合适的偏置。但是因为差别不是很大，所以之后还会按照前面的方式进行初始化。

下面以 MNIST 数字分类任务来比较新旧权重初始化方法。还是使用 30 个隐藏神经元，小批量的大小为 10，正则化参数 $\lambda = 5.0$，并使用交叉熵代价函数。学习率从 0.5 降至 0.1，这样做能让结果在图像中凸显。首先使用旧的权重初始化方法进行训练：

```
>>> import mnist_loader
>>> training_data, validation_data, test_data = \
... mnist_loader.load_data_wrapper()
>>> import network2
>>> net = network2.Network([784, 30, 10], cost=network2.CrossEntropyCost)
>>> net.large_weight_initializer()
>>> net.SGD(training_data, 30, 10, 0.1, lmbda = 5.0,
... evaluation_data=validation_data,
... monitor_evaluation_accuracy=True)
```

也使用新方法来初始化权重，实际上更简单，因为 network2 默认使用新方法。这意味着可以丢掉前面的 net.large_weight_initializer()调用：

```
>>> net = network2.Network([784, 30, 10], cost=network2.CrossEntropyCost)
>>> net.SGD(training_data, 30, 10, 0.1, lmbda = 5.0,
... evaluation_data=validation_data,
... monitor_evaluation_accuracy=True)
```

结果如图 3-31[①]所示。

---

① 此图以及下一幅图由 weight_initialization.py 生成。

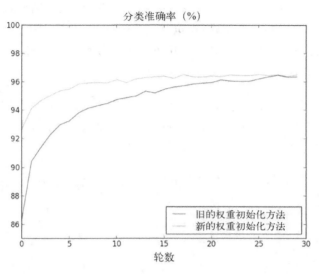

图 3-31（见彩插）

两种情形下，准确率在96%处重合了。最终的分类准确率几乎完全相同，但新的初始化方法速度提升明显。首轮训练后，旧的初始化方法的分类准确率低于87%，而新方法几乎达到了93%。新的权重初始化方法将训练带到了一个新的层次，可快速得到好的结果。在使用100个隐藏神经元时，同样的情况也出现了，如图3-32所示。

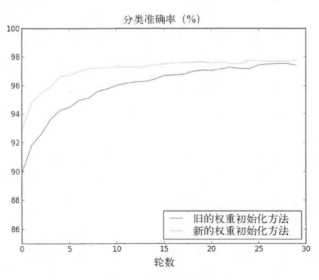

图 3-32（见彩插）

在这种情况下，两条曲线并没有重合。然而，我在试验中发现再训练多轮（这里没有展示），准确率其实也几乎相同。这些试验表明，改进的权重初始化仅仅会加快训练，对神经网络的最终表现没有影响。然而，第4章的一些例子使用$1/\sqrt{n_\text{in}}$权重初始化并长期运行，结果要好很多。因此，新方法不仅能加速训练，有时也能提升最终表现。

$1/\sqrt{n_\text{in}}$的权重初始化方法有助于改善神经网络的学习方式，还有一些权重初始化技术是基于该基本思想的，这里不再讨论，因为$1/\sqrt{n_\text{in}}$表现相当好。如有兴趣，推荐阅读 Yoshua Bengio 的论文[①]，以及相关参考文献。

问　　题

❑ 综合运用正则化和改进的权重初始化方法

有时 L2 正则化的表现类似于新的权重初始化方法。假设使用旧的权重初始化方法，考虑如下论断：

(1) 假设λ不太小，训练的第一轮将几乎完全被权重衰减主导；

(2) 如果$\eta\lambda \leqslant n$，权重会按照因子$\exp(-\eta\lambda / m)$每轮衰减；

(3) 假设λ不太大，权重衰减会在权重降到$1/\sqrt{n}$时变弱，其中n是神经网络中权重的数目。

请论证这些情形在图例中都成立。

3.4　复探手写识别问题：代码

下面实现前面这些想法。我们将编写一个新程序 network2.py，这是第1章开发的 network.py 的改进版本。关于 network.py，可自行回顾。新程序仅有 74 行代码，也很好懂。

和 network.py 一样，主要部分是 Network 类，表示神经网络。使用一个 sizes 的列表来对相应的每层进行初始化，默认使用交叉熵作为代价参数：

```
class Network(object):
    def __init__(self, sizes, cost=CrossEntropyCost):
        self.num_layers = len(sizes)
        self.sizes = sizes
        self.default_weight_initializer()
        self.cost = cost
```

init 方法的前几行和 network.py 中的一样简单易懂，但后两行是新的，下面分析其作用。

---

① Yoshua Bengio. *Practical Recommendations for Gradient-Based Training of Deep Architectures*, 2012.

default_weight_initializer 方法使用了改进过的权重初始化方法。如前所述，设置均值为 0，标准差为 $1/\sqrt{n}$，n 为对应的输入连接数。我们使用均值为 0、标准差为 1 的高斯分布来初始化偏置，代码如下所示：

```python
def default_weight_initializer(self):
    self.biases = [np.random.randn(y, 1) for y in self.sizes[1:]]
    self.weights = [np.random.randn(y, x)/np.sqrt(x)
                    for x, y in zip(self.sizes[:-1], self.sizes[1:])]
```

关于这段代码，np 指的是进行线性代数运算的 NumPy 库。程序在开头会导入 NumPy。同样，没有对第一层神经元的偏置进行初始化，因为第一层其实是输入层，不需要引入任何偏置。network.py 也是这样做的。

作为 default_weight_initializer 的替代方法，代码中包含了 large_weight_initializer 方法。该方法使用了第 1 章中的方法初始化权重和偏置，代码和 default_weight_initializer 略有区别：

```python
def large_weight_initializer(self):
    self.biases = [np.random.randn(y, 1) for y in self.sizes[1:]]
    self.weights = [np.random.randn(y, x)
                    for x, y in zip(self.sizes[:-1], self.sizes[1:])]
```

将 large_weight_initializer 方法包含在内是为了便于跟第 1 章的结果进行比较，不推荐在实际运用中这么做。

初始化方法 init 中第二处不同是初始化了 cost 属性。为了说明其工作原理，看一下用于表示交叉熵代价的类[①]：

```python
class CrossEntropyCost(object):

    @staticmethod
    def fn(a, y):
        return np.sum(np.nan_to_num(-y*np.log(a)-(1-y)*np.log(1-a)))

    @staticmethod
    def delta(z, a, y):
        return (a-y)
```

---

① 如果不熟悉 Python 的静态方法，可以忽略@staticmethod 修饰符，仅仅把 fn 和 delta 看作普通方法。如果想了解细节，@staticmethod 所做的是告诉 Python 解释器其随后的方法完全不依赖对象，这就是 self 没有作为参数传入 fn 和 delta 的原因。

下面分解一下。即便交叉熵从数学上讲是函数，这里也用 Python 的类而不是 Python 函数实现了它，这样做是因为代价函数在神经网络中起着两种作用。明显的作用是度量输出激活值 a 和目标输出 y 的差距，这是通过 CrossEntropyCost.fn 方法实现的。（注意，np.nan_to_num 调用确保 NumPy 能正确处理接近 0 的对数。）当然，代价函数还有另一种作用。回想一下，第 2 章运行反向传播算法时，需要计算神经网络输出误差 δ^L。这种形式的输出误差取决于代价函数的选择：代价函数不同，输出误差的形式也就不同。对于交叉熵函数，输出误差如方程(99)所示：

$$\delta^L = a^L - y \tag{99}$$

所以，我们定义了第二个方法 CrossEntropyCost.delta，以引导神经网络计算输出误差，然后将这两个方法打包在一个类中，该类包含神经网络需要知道的有关代价函数的所有信息。

类似地，network2.py 还包含了一个表示二次代价函数的类，用于和第 1 章的结果进行对比，因为后面几乎都在使用交叉熵函数。代码如下所示，QuadraticCost.fn 方法是关于神经网络输出 a 和目标输出 y 的二次代价函数的直接计算结果。由 QuadraticCost.delta 返回的值基于二次代价函数的误差表达式(30)，请参见第 2 章。

```python
class QuadraticCost(object):

    @staticmethod
    def fn(a, y):
        return 0.5*np.linalg.norm(a-y)**2

    @staticmethod
    def delta(z, a, y):
        return (a-y) * sigmoid_prime(z)
```

这样就弄清楚了 network2.py 和 network.py 两个实现之间的主要差别，都很简单，此外还有一些小的变动，包括 L2 正则化的实现，稍后介绍。在此之前，先看看 network2.py 的完整实现代码。无须仔细阅读这些代码，但明晰整体结构有助于理解文档中的内容，进而理解每段程序的作用。当然，也可以深入研究！如果感到困惑，后面的讲解有助于你理解代码。代码如下：

```python
"""network2.py
~~~~~~~~~~~~~~~

network.py 的一个改进版本，实现了针对前馈神经网络的随机梯度下降算法。改进之处包括增加了交叉熵代价函数、正则化和更好的权重初始化方法。注意，这里着重于让代码简单易读且易修改，并没有进行优化，略去了不少可取的特性。
"""
```

```
#### 库
# 标准库
import json
import random
import sys

# 第三方库
import numpy as np


#### 定义二次代价函数和交叉熵代价函数

class QuadraticCost(object):

    @staticmethod
    def fn(a, y):
        """返回与输出 a 和目标输出 y 相关的代价。"""
        return 0.5*np.linalg.norm(a-y)**2

    @staticmethod
    def delta(z, a, y):
        """输出层返回误差 delta。"""
        return (a-y) * sigmoid_prime(z)


class CrossEntropyCost(object):

    @staticmethod
    def fn(a, y):
        """返回与输出 a 和目标输出 y 相关的代价。注意，np.nan_to_num 用于确保数值稳定性。如果 a 和 y 都
        在同样的位置值为 1.0，那么表达式(1-y)*np.log(1-a) 返回 nan。np.nan_to_num 会确保将其转换成正
        确的值(0.0)。"""
        return np.sum(np.nan_to_num(-y*np.log(a)-(1-y)*np.log(1-a)))

    @staticmethod
    def delta(z, a, y):
        """输出层返回误差 delta。注意，该方法没有用到参数 z，它包含在方法的参数中，用于保证接口与其他
        代价类的 delta 方法一致。"""
        return (a-y)


#### 主要的 Network 类
class Network(object):
```

```
def __init__(self, sizes, cost=CrossEntropyCost):
    """列表 sizes 包含对应层的神经元的数目，例如，如果列表是[2, 3, 1]，那么就是指一个三层神经
    网络，第一层有 2 个神经元，第二层有 3 个神经元，第三层有 1 个神经元。使用 self.default_weight_
    initializer 随机初始化神经网络的偏置和权重（见方法的文档字符串）。"""
    self.num_layers = len(sizes)
    self.sizes = sizes
    self.default_weight_initializer()
    self.cost=cost

def default_weight_initializer(self):
    """使用一个均值为 0、标准差为 1、除以连接到同一个神经元上的权重数目的平方根的高斯分布来初始
    化每个权重。使用一个均值为 0、标准差为 1 的高斯分布来初始化偏置。

    注意，这里假设第一层是一个输入层，所以不会对这些神经元设置任何偏置，因为偏置只用于计算后面
    层的输出。"""
    self.biases = [np.random.randn(y, 1) for y in self.sizes[1:]]
    self.weights = [np.random.randn(y, x)/np.sqrt(x)
                    for x, y in zip(self.sizes[:-1], self.sizes[1:])]

def large_weight_initializer(self):
    """使用一个均值为 0、标准差为 1 的高斯分布来初始化权重。使用一个均值为 0、标准差为 1 的高斯分
    布来初始化偏置。

    注意，这里假设第一层是一个输入层，所以不会对这些神经元设置任何偏置，因为偏置只用于计算后面
    层的输出。

    初始化权重和偏置的方法与第 1 章中的相同，包含进来可以进行比对，通常好于使用默认的权重初始化。
    """
    self.biases = [np.random.randn(y, 1) for y in self.sizes[1:]]
    self.weights = [np.random.randn(y, x)
                    for x, y in zip(self.sizes[:-1], self.sizes[1:])]

def feedforward(self, a):
    """若输入为 a，则返回输出。"""
    for b, w in zip(self.biases, self.weights):
        a = sigmoid(np.dot(w, a)+b)
    return a

def SGD(self, training_data, epochs, mini_batch_size, eta,
        lmbda = 0.0,
        evaluation_data=None,
        monitor_evaluation_cost=False,
        monitor_evaluation_accuracy=False,
        monitor_training_cost=False,
        monitor_training_accuracy=False):
```

```
"""使用小批量随机梯度下降算法训练神经网络。training_data 是由训练输入和目标输出的元组(x, y)
组成的列表。其他非可选参数容易理解，比如正则化参数 lmbda。该方法也接收 evaluation_data，通常
是验证数据或者测试数据。可以通过设置合适的标志位来监控验证数据或者训练数据上的代价和准确率。
该方法返回一个包含 4 个列表的元组：验证数据上（每轮）的代价、验证数据上的准确率、训练数据上
的代价，以及训练数据上的准确率。每轮训练结束后计算所有值。例如训练 30 轮，那么元组的第一个元
素就是一个有 30 个元素的列表，包含了在每轮训练结束时在验证数据上的代价。注意，对应标志位未设
置时该列表为空。"""
if evaluation_data: n_data = len(evaluation_data)
n = len(training_data)
evaluation_cost, evaluation_accuracy = [], []
training_cost, training_accuracy = [], []
for j in xrange(epochs):
    random.shuffle(training_data)
    mini_batches = [
        training_data[k:k+mini_batch_size]
        for k in xrange(0, n, mini_batch_size)]
    for mini_batch in mini_batches:
        self.update_mini_batch(
            mini_batch, eta, lmbda, len(training_data))
    print "Epoch %s training complete" % j
    if monitor_training_cost:
        cost = self.total_cost(training_data, lmbda)
        training_cost.append(cost)
        print "Cost on training data: {}".format(cost)
    if monitor_training_accuracy:
        accuracy = self.accuracy(training_data, convert=True)
        training_accuracy.append(accuracy)
        print "Accuracy on training data: {} / {}".format(
            accuracy, n)
    if monitor_evaluation_cost:
        cost = self.total_cost(evaluation_data, lmbda, convert=True)
        evaluation_cost.append(cost)
        print "Cost on evaluation data: {}".format(cost)
    if monitor_evaluation_accuracy:
        accuracy = self.accuracy(evaluation_data)
        evaluation_accuracy.append(accuracy)
        print "Accuracy on evaluation data: {} / {}".format(
            self.accuracy(evaluation_data), n_data)
    print
return evaluation_cost, evaluation_accuracy, \
    training_cost, training_accuracy

def update_mini_batch(self, mini_batch, eta, lmbda, n):
    """对一个小批量应用梯度下降算法和反向传播算法来更新神经网络的权重和偏置。mini_batch 是由若干
    元组(x, y)组成的列表，eta 是学习率，lmbda 是正则化参数，n 是训练数据集的大小。"""
```

```
        nabla_b = [np.zeros(b.shape) for b in self.biases]
        nabla_w = [np.zeros(w.shape) for w in self.weights]
        for x, y in mini_batch:
            delta_nabla_b, delta_nabla_w = self.backprop(x, y)
            nabla_b = [nb+dnb for nb, dnb in zip(nabla_b, delta_nabla_b)]
            nabla_w = [nw+dnw for nw, dnw in zip(nabla_w, delta_nabla_w)]
        self.weights = [(1-eta*(lmbda/n))*w-(eta/len(mini_batch))*nw
                        for w, nw in zip(self.weights, nabla_w)]
        self.biases = [b-(eta/len(mini_batch))*nb
                        for b, nb in zip(self.biases, nabla_b)]

    def backprop(self, x, y):
        """返回一个表示代价函数 C_x 梯度的元组(nabla_b, nabla_w)。nabla_b 和 nabla_w 是一层接一层的
        numpy 数组的列表，类似于 self.biases 和 self.weights。"""
        nabla_b = [np.zeros(b.shape) for b in self.biases]
        nabla_w = [np.zeros(w.shape) for w in self.weights]
        # 前馈
        activation = x
        activations = [x] # 一层接一层地存放所有激活值
        zs = [] # 一层接一层地存放所有 z 向量
        for b, w in zip(self.biases, self.weights):
            z = np.dot(w, activation)+b
            zs.append(z)
            activation = sigmoid(z)
            activations.append(activation)
        # 反向传播
        delta = (self.cost).delta(zs[-1], activations[-1], y)
        nabla_b[-1] = delta
        nabla_w[-1] = np.dot(delta, activations[-2].transpose())
        """注意，下面循环中的变量 l 和第 2 章的形式稍有不同，其中 l = 1 表示最后一层神经元，l = 2 则是
        倒数第二层，以此类推。这是对书中方式的重编号，旨在利用 Python 列表的负索引功能。"""
        for l in xrange(2, self.num_layers):
            z = zs[-l]
            sp = sigmoid_prime(z)
            delta = np.dot(self.weights[-l+1].transpose(), delta) * sp
            nabla_b[-l] = delta
            nabla_w[-l] = np.dot(delta, activations[-l-1].transpose())
        return (nabla_b, nabla_w)

    def accuracy(self, data, convert=False):
        """返回 data 输入中神经网络输出正确结果的数目。注意，这里假设神经网络输出的是最后一层有着最
        大激活值的神经元的索引。
```

当数据集是验证数据或者测试数据（常见情形）时，标志位 convert 应设置为 False；而当数据集是训练数据时，应设置为 True。这取决于不同数据集中结果 y 的表示，这标志了是否需要在不同表示之间进行转换。不同的数据集采用不同表示可能有点奇怪，为何 3 个数据集不采用同样的表示呢？这其实是出于性能

上的考量——程序通常会在训练数据上评估代价，而在其他数据集上评估准确率。对于不同类型的计算，使用不同的表示会加速处理。关于表示的更多细节见 mnist_loader.load_data_wrapper。"""

```
if convert:
    results = [(np.argmax(self.feedforward(x)), np.argmax(y))
                for (x, y) in data]
else:
    results = [(np.argmax(self.feedforward(x)), y)
                for (x, y) in data]
return sum(int(x == y) for (x, y) in results)

def total_cost(self, data, lmbda, convert=False):
    """返回数据集 data 的总代价。当数据集是训练数据（常见情形）时，标志位 convert 应设置为 False；
    而当数据集是验证数据或测试数据时，应设置为 True。可参考 accuracy 方法的注释（不过与之相反）。
    """
    cost = 0.0
    for x, y in data:
        a = self.feedforward(x)
        if convert: y = vectorized_result(y)
        cost += self.cost.fn(a, y)/len(data)
    cost += 0.5*(lmbda/len(data))*sum(
        np.linalg.norm(w)**2 for w in self.weights)
    return cost

def save(self, filename):
    """保存神经网络至文件 filename。"""
    data = {"sizes": self.sizes,
            "weights": [w.tolist() for w in self.weights],
            "biases": [b.tolist() for b in self.biases],
            "cost": str(self.cost.__name__)}
    f = open(filename, "w")
    json.dump(data, f)
    f.close()

#### 加载神经网络
def load(filename):
    """从 filename 文件加载神经网络，并返回神经网络实例。"""
    f = open(filename, "r")
    data = json.load(f)
    f.close()
    cost = getattr(sys.modules[__name__], data["cost"])
    net = Network(data["sizes"], cost=cost)
    net.weights = [np.array(w) for w in data["weights"]]
    net.biases = [np.array(b) for b in data["biases"]]
    return net
```

```
#### 其他函数
def vectorized_result(j):
    """返回一个 10 维单位向量，在第 j 个位置为 1.0，其余均为 0。这可以用于将一个数字（0~9）转换成神经
    网络的一个对应目标输出。"""
    e = np.zeros((10, 1))
    e[j] = 1.0
    return e

def sigmoid(z):
    """sigmoid 函数"""
    return 1.0/(1.0+np.exp(-z))

def sigmoid_prime(z):
    """sigmoid 函数的导数"""
    return sigmoid(z)*(1-sigmoid(z))
```

一处有趣的变动是代码中增加了 L2 正则化。尽管这是概念上的一个主要变动，实现起来却相当简单。对于大部分情况，仅仅需要将参数 lmbda 传递到不同的方法中即可，主要是 Network.SGD 方法。实际工作由一行代码完成——Network.update_mini_batch 的倒数第 4 行，在此处修改梯度下降规则来进行权重衰减。尽管改动很小，但对结果有很大影响。

其实这是在神经网络中实现一些新技术的常见现象。前面用不小的篇幅来讨论正则化。概念不太好理解，但易于添加到程序中。略微改动代码即可实现精妙复杂的技术。

另一处微小却重要的改动是随机梯度下降算法增加了几个 Network.SGD 标志位，实现了在 training_data 或者 evaluation_data 上监控代价和准确率。前面使用过这些标志位，下面举例说明其工作方式作为回顾。

```
>>> import mnist_loader
>>> training_data, validation_data, test_data = \
... mnist_loader.load_data_wrapper()
>>> import network2
>>> net = network2.Network([784, 30, 10], cost=network2.CrossEntropyCost)
>>> net.SGD(training_data, 30, 10, 0.5,
... lmbda = 5.0,
... evaluation_data=validation_data,
... monitor_evaluation_accuracy=True,
... monitor_evaluation_cost=True,
... monitor_training_accuracy=True,
... monitor_training_cost=True)
```

这里设置 evaluation_data 为 validation_data，当然，也可以在 test_data 或者其他数据集

上监控性能。这里有 4 个标志位能够监控 evaluation_data 和 training_data 上的代价和准确率。这些标志位默认为 False，这里选择开启以监控神经网络性能。另外，**network2.py** 的 Network.SGD 方法返回了四元组作为监控结果，使用方式如下：

```
>>> evaluation_cost, evaluation_accuracy,
... training_cost, training_accuracy = net.SGD(training_data, 30, 10, 0.5,
... lmbda = 5.0,
... evaluation_data=validation_data,
... monitor_evaluation_accuracy=True,
... monitor_evaluation_cost=True,
... monitor_training_accuracy=True,
... monitor_training_cost=True)
```

如此一来，evaluation_cost 将会是一个含 30 个元素的列表，其中包含了验证集上每轮的代价。这类信息有助于理解神经网络的行为，比如可以用它绘制神经网络随时间学习的状态图，前面的绘图也是这个思路。需要注意的是，如果没有设置任何标志位，元组中的对应元素就是空列表。

增加的代码还包括 Network.save 方法，用于将 Network 对象保存到磁盘，还有一个将其加载回内存的函数。这两个方法都使用 JSON，而非 Python 的 pickle 模块或者 cPickle 模块，后者是 Python 中保存和加载对象的常用方法。使用 JSON 的原因是，以便日后想改变 Network 类来允许非 sigmoid 的神经元。要想实现这一改变，最可行的是修改 Network.__init__ 方法中定义的属性。如果简单地向对象应用 pickle，会导致 load 函数出错。使用 JSON 进行序列化可以显式地让旧 Network 仍能执行 load。

还有其他一些微小的变动，但都只是对 **network.py** 的微调，结果就是程序从 74 行增加到了 152 行。

问 题

☐ 更改前面的代码来实现 L1 正则化，然后使用含 30 个隐藏神经元的神经网络对 MNIST 数字进行分类。你能够找到一个正则化参数使得效果好于非正则化吗？

☐ 看看 **network.py** 中的 Network.cost_derivative 方法。该方法是针对二次代价函数遍写的。如何修改将其用于交叉熵代价函数呢？会出现什么问题？在 **network2.py** 中，已经移除了 Network.cost_derivative 方法，将其集成到 CrossEntropyCost.delta 方法中了。这样是如何解决所发现的问题的？

3.5   如何选择神经网络的超参数

前面没有讨论如何选择超参数（比如学习率 η、正则化参数 λ），只是给出了效果很好的那些值。实践中，使用神经网络解决问题时，寻找好的超参数其实很困难。例如对于 MNIST 图像分类问题，开始时不知道如何选择超参数。假设刚开始的试验像前面那样选择超参数：30 个隐藏神经元，小批量大小为 10，使用交叉熵并训练 30 轮，但学习率 $\eta = 10.0$，正则化参数 $\lambda = 1000.0$，运行结果如下：

```
>>> import mnist_loader
>>> training_data, validation_data, test_data = \
... mnist_loader.load_data_wrapper()
>>> import network2
>>> net = network2.Network([784, 30, 10])
>>> net.SGD(training_data, 30, 10, 10.0, lmbda = 1000.0,
... evaluation_data=validation_data, monitor_evaluation_accuracy=True)
Epoch 0 training complete
Accuracy on evaluation data: 1030 / 10000

Epoch 1 training complete
Accuracy on evaluation data: 990 / 10000

Epoch 2 training complete
Accuracy on evaluation data: 1009 / 10000

...

Epoch 27 training complete
Accuracy on evaluation data: 1009 / 10000

Epoch 28 training complete
Accuracy on evaluation data: 983 / 10000

Epoch 29 training complete
Accuracy on evaluation data: 967 / 10000
```

分类准确率并未超过随机选择。神经网络的行为类似于随机噪声生成器。

你可能会说：“这好办，降低学习率和减小正则化参数就行了。”然而你并不会提前知道需要调整的是这些超参数。可能真正的问题是 30 个隐藏神经元本身无法正常工作，调整其他超参数都没有用？可能真的需要至少 100 个隐藏神经元？或者至少 300 个隐藏神经元？或者更多层的神经网络？或者需要不同的输出编码方式？可能神经网络一直在学习，只是学习的轮数还不够？可能小批量设置得太小了？可能需要改用二次代价函数？可能需要尝试不同的权重初始化方法？超参数的选择容易让人迷失方向。如果神经网络的规模很大，或者使用了很多训练数据，那么情况更糟，因为一次训练可能需要几小时甚至几天乃至几周，最终却没什么成果。如果这种情况一直发生，会打击自信心。你可能会怀疑神经网络是否适合所要处理的问题，或许应该放弃这种尝试？

下面介绍一些用于设定超参数的启发式方法，旨在确立一套合理设置超参数的工作流。当然，篇幅所限，本书不会讨论超参数优化的所有方法，况且难以面面俱到，也不存在一种对于正确策略的普遍认知。总有一些新技巧有助于提升性能，下面所讲的启发式方法是很好的起点。

宽泛策略：使用神经网络解决新问题时，一个挑战就是实现有价值的学习，即令效果好于随机。这很难做到，当遇到新型问题时尤其如此。下面介绍应对这类问题的一些策略。

假设首次面对 MNIST 图像分类问题。刚开始你干劲十足，但当第一个神经网络失败后，你可能会感到沮丧。此时可以把问题简化，抛开训练集和验证集中 0 和 1 以外的那些图像，然后试着训练神经网络来区分 0 和 1。不单问题较 10 个分类的情况简化了，训练数据也会减少 80%，这样能带来 5 倍的加速。加速试验有助于快速了解如何构建好的神经网络。

可以通过简化神经网络来加速试验并进行更有意义的学习。如果认为[784，10]的神经网络可能比随机的分类效果好，那么可以据此开始试验。这会比训练一个[784，30，10]的神经网络更快，可以将后者作为备选。

也可以通过提高监控频率来加速试验。在 network2.py 中，每轮训练的最后进行监控。每轮50 000 幅图像，在接收神经网络学习状况的反馈前需要等上一会儿。在我的计算机上训练[784，30，10]的神经网络基本上每轮用时 10 秒。当然，10 秒并不算多，不过如果你想试几十种超参数，这就很棘手了，更不要提更多超参数了。可以通过频繁地监控验证准确率来获得反馈，比如每训练 1000 幅图像后查看神经网络的表现。而且，与其使用全部 10 000 幅图像的验证集来监控性能，不妨使用 100 幅图像来进行验证。真正重要的是神经网络用足够多的图像来真正地学习，并能很好地评估表现。当然，network2.py 并没有实施这样的监控，但是作为一个勉强能够获得类似效果的方案，可以将训练数据减少到前 1000 幅 MNIST 训练图像。下面尝试一下，看看结果如何。（为了简化代码，我并没有取仅仅是 0 和 1 的图像。当然，那样也很容易实现。）

```
>>> net = network2.Network([784, 10])
>>> net.SGD(training_data[:1000], 30, 10, 10.0, lmbda = 1000.0, \
... evaluation_data=validation_data[:100], \
... monitor_evaluation_accuracy=True)
```

```
Epoch 0 training complete
Accuracy on evaluation data: 10 / 100

Epoch 1 training complete
Accuracy on evaluation data: 10 / 100

Epoch 2 training complete
Accuracy on evaluation data: 10 / 100
...
```

虽然得到的仍是噪声，但是有了进步：现在每秒就可以得到反馈，之前每 10 秒才可以。这意味着可以更快地试验其他超参数，甚至几乎同时尝试不同的超参数组合。

上面的例子设置 $\lambda = 1000.0$，跟之前相同。但是因为这里训练样本的数量改变了，所以必须调整 λ 以保证权重同步下降。这意味着改用 $\lambda = 20.0$。如果这样设置，则有：

```
>>> net = network2.Network([784, 10])
>>> net.SGD(training_data[:1000], 30, 10, 10.0, lmbda = 20.0, \
... evaluation_data=validation_data[:100], \
... monitor_evaluation_accuracy=True)
Epoch 0 training complete
Accuracy on evaluation data: 12 / 100

Epoch 1 training complete
Accuracy on evaluation data: 14 / 100

Epoch 2 training complete
Accuracy on evaluation data: 25 / 100

Epoch 3 training complete
Accuracy on evaluation data: 18 / 100
...
```

不错！现在有一个信号了。尽管不是非常好，但它确实是一个信号。可以基于此修改超参数以实现更多提升。可能学习率需要增加（你可能会发现，这个猜测并不大好，原因稍后解释），为了验证猜想，把 η 调整至 100.0。

```
>>> net = network2.Network([784, 10])
>>> net.SGD(training_data[:1000], 30, 10, 100.0, lmbda = 20.0, \
... evaluation_data=validation_data[:100], \
... monitor_evaluation_accuracy=True)
Epoch 0 training complete
Accuracy on evaluation data: 10 / 100
```

```
Epoch 1 training complete
Accuracy on evaluation data: 10 / 100

Epoch 2 training complete
Accuracy on evaluation data: 10 / 100

Epoch 3 training complete
Accuracy on evaluation data: 10 / 100

...
```

结果并不好，说明之前的猜测是错误的，问题并不是学习率太低了。可以尝试令 $\eta = 1.0$：

```
>>> net = network2.Network([784, 10])
>>> net.SGD(training_data[:1000], 30, 10, 1.0, lmbda = 20.0, \
... evaluation_data=validation_data[:100], \
... monitor_evaluation_accuracy=True)
Epoch 0 training complete
Accuracy on evaluation data: 62 / 100

Epoch 1 training complete
Accuracy on evaluation data: 42 / 100

Epoch 2 training complete
Accuracy on evaluation data: 43 / 100

Epoch 3 training complete
Accuracy on evaluation data: 61 / 100

...
```

有进步！可以继续，逐个调整超参数，慢慢提升性能。一旦找到一个能提升性能的 η 值，就可以尝试寻找好的值，然后在更复杂的神经网络架构上进行试验。假设神经网络包含 10 个隐藏神经元，然后继续调整 η 和 λ；接着调整成 20 个隐藏神经元，再反复调整其他超参数。如此操作，在每一步使用 hold out 方法验证数据集来评估性能，通过这些度量寻找更好的超参数。这样做往往需要花费更多时间来发现由超参数改变带来的影响，进而逐步降低监控的频率。

这些方法作为宽泛的策略似乎很可行，然而我想回到寻找超参数的原点。实际上，前面的讨论过于乐观，实践中神经网络有时学不到任何东西，可能花费好几天调整超参数，却毫无进展。重申一下，前期应该从试验中尽早地获得快速反馈。看起来简化问题和架构只会降低效率，实际上能够加速试验，因为能够更快地找到传出有意义信号的神经网络。一旦获得这些信号，就可以尝试微调超参数来快速提升性能，正所谓"万事开头难"。

介绍完了宽泛策略，下面给出设置超参数的建议，讨论会聚焦于学习率 η、L2 正则化参数 λ 和小批量大小。当然，很多观点也适用于其他超参数的选择，包括关于神经网络架构的、其他类型的正则化和后面会讲到的一些超参数（例如 momentum co-efficient）。

学习率：假设运行了 3 个对 MNIST 图像进行分类的神经网络，学习率分别为 $\eta=0.025$、$\eta=0.25$、$\eta=2.5$。我们会像前面的试验那样设置其他超参数，训练 30 轮，小批量大小设为 10，$\lambda=5.0$，同样使用全部 50 000 幅训练图像。训练代价的变化情况如图 3-33 所示。

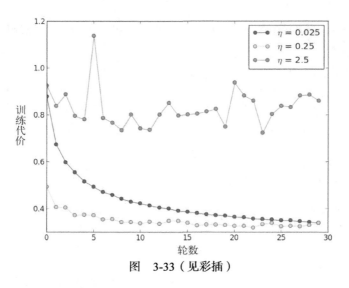

图   3-33（见彩插）

使用 $\eta=0.025$，代价随训练轮数平滑下降；使用 $\eta=0.25$，代价刚开始下降，在大约 20 轮后接近饱和，后面是微小的振荡和随机抖动；使用 $\eta=2.5$，代价从始至终剧烈振荡。关于振荡的原因，回想一下，应用随机梯度下降算法其实是期望逐渐抵达代价函数的"谷底"，如图 3-34 所示。

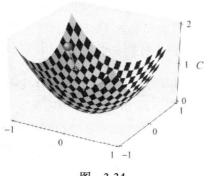

图   3-34

　　然而，如果 η 太大，步长也会变大，可能使得算法在接近最小值时又越过谷底，这在 $\eta = 2.5$ 时很可能发生。选择 $\eta = 0.25$，初始几步将接近谷底，但一旦到达谷底，又很容易跨越过去。选择 $\eta = 0.025$，前 30 轮训练中不会出现这种情况。当然，学习率太低会引发另一个问题——随机梯度下降算法变慢了。更好的策略其实是，开始时使用 $\eta = 0.25$，接近谷底时改用 $\eta = 0.025$。稍后会介绍这种可变学习率的方法。下面着重介绍如何找到一个好的学习率 η。

　　基于这样的想法，可以如下设置 η。首先选择在训练数据上的代价开始下降而非振荡或者增加时作为对学习率阈值的估计。这个估计不需要太精确，可以估计其量级，比如从 $\eta = 0.01$ 开始。如果代价在训练的前几轮开始下降，可以逐步尝试 $\eta = 0.1, 1.0, \cdots$，直到找到一个值，使得开始几轮代价就开始振荡或者增加；相反，如果代价在 $\eta = 0.01$ 时就开始振荡或者增加，那就尝试 $\eta = 0.001, 0.0001, \cdots$，直到找到使代价在开始几轮就下降的值。按照这种方法，可以实现对学习率阈值的量级估计。可以选择性地优化估计，选择最大的那些 η，比如 $\eta = 0.5$ 或者 $\eta = 0.2$（也不需要过于精确）。

　　显然，η 的实际值不应比阈值大。实际上，如果重复使用 η 的值，更应该使用稍微小一点的值，例如阈值的一半。这样做有助于训练更多轮而学习速度不会减慢。

　　在 MNIST 数据中，运用这样的策略会得到对学习率阈值的量级估计，大概是 0.1。改进后得到阈值 $\eta = 0.5$。所以，按照上述取一半的策略确定了学习率 $\eta = 0.25$。实际上，在 30 轮中使用 $\eta = 0.5$ 表现不错，所以选择更低的学习率也没有什么问题。

　　这看起来相当简单。然而，通过训练代价来选择 η 和之前提到的通过验证集确定超参数的说法有点矛盾。实际上，使用验证准确率来选择正则化超参数、小批量大小、层数及隐藏神经元数目等神经网络参数，而为何对学习率要用不同的方法呢？坦白地说，这些选择其实是我个人的偏好和习惯罢了，因为其他超参数倾向于提升测试集上最终的分类准确率，所以通过验证准确率来选择它们更合理一些，而学习率只是偶尔影响最终的分类准确率，其主要作用是控制梯度下降的步长，而监控训练代价是检测步长过大的方法，所以这其实只是个人偏好。在学习的前期，如果验证准确率提升，训练代价通常会下降，所以在实践中以哪种方式衡量对判断没有太大影响。

　　提前停止以确定训练轮数：如前所述，提前停止指每轮训练结束，都要计算验证集上的分类准确率。若准确率不再提升，就终止它。这样便于确定训练轮数，也意味着无须在意训练轮数和其他超参数的关联，而且该过程还是自动的。另外，提前停止也有助于避免过拟合。尽管试验前期不采用提前停止，这样可以发现过拟合的信号，并据此选择正则化方法，但提前停止仍然有用。

　　若想把握提前停止的时机，需要明白"分类准确率不再提升"的含义。如前所述，分类准确率在整体趋势下降时仍会抖动或者振荡。如果在准确率刚开始下降时便停止，可能错过更好的选择。一种不错的解决方案是，如果分类准确率在一段时间内不再提升，就终止训练。例如对于 MNIST 图像分类问题，如果分类准确率在 10 轮左右训练都没有提升，可以将其终止。这样不仅可以确保不会终止得过早，还能避免白白苦等。

这种"训练 10 轮，不提升便终止"的规则很适合 MNIST 图像分类问题的初期探索。然而，神经网络有时会在某个分类准确率附近停滞很长时间，之后才会有提升。如果想获得相当好的表现，这条规则可能太过激进了——停止得太草率。所以，建议仅仅在初期采用"训练 10 轮，不提升便终止"规则，以理解神经网络的训练方式，然后逐步选择更多轮数，比如训练 20 轮不提升便终止、训练 50 轮不提升便终止，以此类推。当然，这就引入了新的需要优化的超参数。实践中，通过设置超参数来得到好的结果是很方便的。类似地，对不同于 MNIST 图像分类的问题，这条规则可能太过激进或者太过保守，视具体问题而异。然而，进行一些小的试验便于确定提前终止的策略。

MNIST 图像分类试验中没有采用提前终止。原因是前面比较了不同的学习方法。这样的比较其实适合使用同样的训练轮数。但是，在 network2.py 中采用提前终止还是很有价值的。

问　题

□ 修改 network2.py 来实现提前终止，并将"训练 n 轮，不提升便终止"策略中的 n 设置为可变参数。

□ 你能想出其他提前终止策略吗？理想中，采用策略能得到更高的验证准确率而无须训练太久。请在 network2.py 中实现你的想法，并通过试验与"训练 10 轮，不提升便终止"策略的验证准确率和训练轮数进行比较。

调整学习率：前面一直将学习率设置为常量，但采用可变学习率往往更有效。在学习的前期，权重可能非常糟糕，所以可以使用较高的学习率来让权重更快地变化，之后可以降低学习率，以此做出微调。

如何设置学习率呢？其实有很多方法。一种自然的做法是提前停止，即保持学习率为一个常量，直到验证准确率开始降低，然后调整学习率，比如按照 1/2 或者 1/10。重复此过程若干次，直到学习率变为初始值的 1/1024（或者 1/1000）。

可变学习率可以提升性能，但选择过多也是困扰，可能需要花费很多精力才能优化学习规则。对于试验，建议使用单一的常量作为学习率，这样做能得到比较好的近似。之后若想获得更好的性能，可以根据给出的资料[①]，按照特定规则进行试验。

练 习

更改 network2.py 实现学习规则：验证准确率满足"训练 10 轮，不提升便终止"策略时减半，当学习率降到初始值的 1/128 时终止。

正则化参数：建议开始时不包含正则化（$\lambda = 0.0$），以确定 η 的值。选定 η 后，可以使用验证数据来选择好的 λ 值。从 $\lambda = 1.0$ 开始尝试，然后根据验证集上的性能按照 1/10 增减其值。一旦找到好的量级，就可以改进 λ 值。完成后可以返回并重新优化 η。

练 习

使用梯度下降算法来寻找好的超参数（例如 λ 和 η）值得尝试，但存在哪些障碍呢？

如何选择超参数：如果你使用推荐的策略，可能会发现自己找到的 η 和 λ 不总是和本书给出的一致，原因是篇幅所限，我没有进一步优化超参数。前面比较了不同的学习方法，例如比较了二次代价函数和交叉熵代价函数，比较了权重初始化的新旧方法，是否使用正则化，等等。为了让这些比较有意义，通常会保持超参数不变（或者进行适当调整）。当然，理论上相同的超参数不可能对于各种学习方法都是最优的，所以选用那些超参数多是折中的考虑。

相较于这种折中，其实本可以尝试优化每种方法的超参数选择。理论上，这会是更好、更合理的方式，因为可以了解每种方法的最佳效果。前面已经进行了众多比较，实践中这会耗费巨大的计算资源。这也是为什么前面以折中方式来选择尽可能好（却不一定最优）的超参数。

小批量大小：如何设置小批量的大小呢？对于这个问题，首先假设正在进行在线学习，即采用大小为 1 的小批量。

关于在线学习的一个担忧是使用只有一个样本的小批量会导致错误估计梯度。实际上，误差不是问题，原因是单一的梯度估计不需要绝对精确。我们需要的是估计足够精确，能确保代价函数不断下降。就像你现在要去北极点，但是只有一个不大精准的（差 10～20 度）指南针。如果你频繁查看指南针，指南针会在平均状况下指出正确的方向，所以最后也能抵达北极点。

基于此观点，似乎我们需要使用在线学习。实际上，情况更为复杂。第 2 章的问题中提到，可以使用矩阵技术来同时对小批量中的所有样本计算梯度更新，而不是进行循环。所以，取决于

[①] Dan Claudiu Cireşan, Ueli Meier, Luca Maria Gambardella, et al. *Deep, Big, Simple Neural Nets Excel on Handwritten Digit Recognition*, 2010.

硬件和线性代数库的实现细节，就小批量大小为 100 的数据来说，这会比逐个循环快很多，可能是 50 次和 100 次的差别。

看起来帮助不大。使用大小为 100 的小批量，学习规则如下：

$$w \rightarrow w' = w - \eta \frac{1}{100} \sum_x \nabla C_x \tag{100}$$

这是对小批量中的所有训练样本求和，而在线学习是：

$$w \rightarrow w' = w - \eta \nabla C_x \tag{101}$$

即使它需要执行 50 次，结果仍好于在线学习，因为在线学习更新太过频繁。假设对于小批量，将学习率扩大 100 倍，更新规则变为：

$$w \rightarrow w' = w - \eta \sum_x \nabla C_x \tag{102}$$

这很像进行了 100 次在线学习，但是仅仅花费了 50 次在线学习的时间。当然，其实不是同样的 100 次在线学习，因为小批量中的 ∇C_x 衡量的是相同的权重，而在线学习中学习是累加的。看来使用更大的小批量还是能显著加速训练。

因此，选择合适的小批量大小也是一种折中。太小的话，矩阵库的快速计算优势发挥不出来；太大的话，无法频繁地更新权重。需要选择一个适中的值才能使学习速度最大化。好在小批量大小的选择其实是相对独立的超参数（神经网络整体架构外的参数），所以无须优化其他参数来确定它。因此，可行的做法是为其他参数选择某些可以接受的值（不需要是最优的），然后尝试不同的小批量大小，如前所示调整 η，画出验证准确率的值随时间（非轮数）变化的图像，选择提升性能最显著的那个小批量大小，然后优化其他参数。

当然，前面没有做这些优化。实际上，我们的实现并没有用到小批量快速更新方法，只是简单使用了大小为 10 的小批量。其实可以通过缩减小批量大小来提速。前面没有这样做，旨在展示小批量大于 1 的情况，而且实践经验表明提升效果其实不明显。在实践中，大多数情况肯定要采取更快的小批量更新策略，然后花费时间和精力优化小批量大小，提升整体速度。

自动化技术：前面介绍了手动优化超参数的很多启发式规则。手动选择当然是理解神经网络行为的方法，但现实是，很多工作已经实现自动化了。常用的技术有**网格搜索**（grid search），可以系统化地对超参数空间的网格进行搜索。关于网格搜索的作用和限制（以及易于实现的变体），在 James Bergstra 和 Yoshua Bengio 于 2012 年发表的论文[1]中均有讨论。很多更精细的方法也陆续被提出，这里不再一一详述，但 2012 年发表的使用贝叶斯方法自动优化超参数的论文[2]，启发了其他研究人员。

小结：前面介绍的经验可能不会让神经网络产生最佳结果，但可以作为好的开始和改进的基础，尤其着重讨论了超参数的选择。实践中，超参数之间存在很多关系。你可能使用 η 进行试验，发现效果不错，然后优化 λ，发现又和 η 混在一起了。在实践中，反复尝试是常事，最终才能找到合适的值。总之，启发式规则其实都是经验，而非金科玉律。应该注意那些无效的尝试，然后继续试验，这意味着需要更细致地监控神经网络的行为，特别是验证集上的准确率。

选择超参数的难度在于选择方法太分散，这些方法分散在许多研究论文、软件程序中，甚至只在某个研究人员的大脑中，因而困难重重。某些论文的观点甚至互相矛盾，当然，有一些特别有用的论文对这些繁杂的技术做了梳理和总结。2012 年 Yoshua Bengio 发表的一篇论文[3]给出了实践中使用反向传播算法和梯度下降算法训练神经网络的一些推荐策略。Bengio 对很多问题的讨论更细致，其中包含如何进行系统化的超参数搜索。另一篇非常好的论文[4]是 1998 年由 Yann LeCun、Léon Bottou、Genevieve Orr 和 Klaus-Robert Müller 发表的。这些论文汇集在 2012 年出版的 *Neural Networks: Tricks of the Trade* 中，这本书介绍了训练神经网络的很多常用技巧，价格不低，但很多内容已被作者分享到互联网上了，若有兴趣可以尝试搜索。

阅读这些文章时，特别是进行试验时，你会更清楚超参数优化问题并未完全解决，总有一些技巧能够提升性能。有句关于作家的谚语是："书从来不会完结，只会放弃继续。"这点在神经网络优化上也有体现：超参数的空间太大了，所以人们无法彻底完成优化，只能将问题留给后人。你的目标应是确立一个工作流以快速优化超参数，这样可以留有足够的灵活性来尝试对重要的超参数进行精细优化。

设定超参数的挑战让一些人抱怨，相较于其他机器学习算法，神经网络需要投入更多的工作。其中一种论调是："的确，参数合适的神经网络可能会在这问题上展现最佳性能，但随机森林（或者 SVM 等）也能应付，我没有时间搞清楚哪个神经网络最好。"当然，从实践者的角度来说，肯定倾向于更易使用的技术，这在刚开始处理某个问题时尤为明显，因为那时都不确定机器学习算法能解决问题。但是，如果获得最佳性能是最重要的目标，可能需要尝试更复杂精妙的方法。如

---

[1] James Bergstra, Yoshua Bengio. *Random search for hyper-parameter optimization*, 2012.

[2] Jasper Snoek, Hugo Larochelle, Ryan Adams. *Practical Bayesian optimization of machine learning algorithms*, 2012.

[3] Yoshua Bengio. *Practical recommendations for gradient-based training of deep architectures*, 2012.

[4] Yann LeCun, Léon Bottou, Genevieve Orr, et al. *Efficient BackProp*, 1998.

果机器学习从来都简单的话自然再好不过，但这并没有什么先验理由。

3.6   其他技术

本章所讲的技术都很值得学习，但这并不是讨论它们的唯一原因，更重要的其实是介绍神经网络中可能出现的问题以及分析和解决这些问题的方式，即如何思考神经网络。下面简单介绍其他一些技术。这些介绍虽不及之前深入，但也能展现神经网络中技术的多样性。

3.6.1   随机梯度下降算法的变化形式

对于 MNIST 数字分类问题，通过反向传播进行的随机梯度下降算法表现不错。当然，还有其他很多方法能优化代价函数。有时这些方法比采用小批量随机梯度下降算法的效果更好，下面介绍其中两种方法：Hessian 技术和动量技术。

Hessian 技术：为了更好地讲解该技术，先把神经网络放在一边，而考虑最小化代价函数 C 的抽象问题，其中 C 是有多个参数的函数，$w = w_1, w_2, \cdots$，所以 $C = C(w)$。借助泰勒展开式，代价函数可以在点 w 处近似为：

$$
\begin{aligned}
C(w + \Delta w) = C(w) + \sum_j \frac{\partial C}{\partial w_j} \Delta w_j \\
+ \frac{1}{2} \sum_{jk} \Delta w_j \frac{\partial^2 C}{\partial w_j \partial w_k} \Delta w_k + \cdots
\end{aligned}
\tag{103}
$$

可以将其重写成：

$$
C(w + \Delta w) = C(w) + \nabla C \cdot \Delta w + \frac{1}{2} \Delta w^{\mathrm{T}} H \Delta w + \cdots
\tag{104}
$$

其中 ∇C 是通常的梯度向量，H 是 Hessian 矩阵，第 jk 项是 $\partial^2 C / \partial w_j \partial w_k$。假设通过丢弃更高阶的项来近似 C，则有：

$$
C(w + \Delta w) \approx C(w) + \nabla C \cdot \Delta w + \frac{1}{2} \Delta w^{\mathrm{T}} H \Delta w
\tag{105}
$$

运用微积分，能证明右式可以最小化[①]，只要令：

---

① 严格说来，会得到一个最小值，而不仅仅是一个极值，需要假设 Hessian 矩阵是正定的。直观而言，这意味着函数 C 看起来局部像一个山谷，而不是一座山或一个马鞍。

$$\varDelta w = -H^{-1}\nabla C \tag{106}$$

根据(105)是代价函数较好的近似表达式，我们期望从点 w 移动到 $w+\varDelta w = w-H^{-1}\nabla C$ 可以显著缩小代价函数值，一种可能的算法如下：

❑ 选择开始点 w ；

❑ 更新 w 到新点 $w' = w-H^{-1}\nabla C$ ，其中 H 和 ∇C 是在 w 处计算出来的；

❑ 更新 w' 到新点 $w'' = w'-H'^{-1}\nabla'C$ ，其中 H' 和 $\nabla'C$ 是在 w' 处计算出来的……

实际应用中，(105)是唯一的近似，并且选择更小的步长会更好。可以通过重复使用改变量 $\varDelta w = -\eta H^{-1}\nabla C$ 来改变 w ，其中 η 就是学习率。

这种最小化代价函数的方法常称作 **Hessian 技术**或者 **Hessian 优化**。理论和实践都表明 Hessian 方法比常规的梯度下降算法收敛速度更快。通过引入代价函数的二阶变化信息，可以让 Hessian 方法避免梯度下降算法中常遇到的多路径问题，而且，反向传播算法的某些版本也可用于计算 Hessian 矩阵。

既然 Hessian 优化这么强大，为何不在神经网络中使用它呢？原因是，尽管 Hessian 优化有很多不错的特性，但它其实有一个短板：实践中很难应用。这个问题的部分原因是 Hessian 矩阵太大了。假设有一个包含 10^7 个权重和偏置的神经网络，那么对应的 Hessian 矩阵会有 $10^7 \times 10^7 = 10^{14}$ 个元素。数量非常庞大！因此在实践中计算 $H^{-1}\nabla C$ 极其困难。不过，这并不代表了解它没有用。实际上，有很多受 Hessian 优化启发而来的梯度下降算法的变体，能避免产生庞大矩阵的问题。下面介绍其中一个基于动量的梯度下降算法。

基于动量的梯度下降算法：Hessian 优化的优点是不仅考虑了梯度，还包含梯度的变化信息。基于动量的梯度下降算法正是出于这种推断，并且避免了二阶导数矩阵的出现。为了理解动量技术，可以回想关于梯度下降的原始图像，当时研究了一个小球滚落山谷的场景，而且发现梯度下降类似于小球滚向谷底。动量技术修改了梯度下降算法的两处，使之类似于该物理场景。首先，为想要优化的参数引入了**速度**（velocity）的概念。梯度的作用就是改变速度，而不是直接改变位置，就如同物理学中的力改变速度，只会间接地影响位置。其次，动量方法引入了一种摩擦力的项，用于逐渐地减慢速度。

下面给出更准确的数学描述。引入速度变量 $v = v_1, v_2, \cdots$ ，其中每一个对应 w_j 变量[①]，然后将梯度下降更新规则 $w \to w' = w-\eta\nabla C$ 改成：

---

① 在神经网络中，w_j 变量当然也包括所有权重和偏置。

$$v \to v' = \mu v - \eta \nabla C \tag{107}$$

$$w \to w' = w + v' \tag{108}$$

在这些方程中，μ 这个超参数用于控制阻碍或者摩擦力的量。为了理解这两个方程，可以考虑当 $\mu = 1$ 时，对应没有任何摩擦力。所以，此时可以看到力 ∇C 改变了速度 v，而速度控制着 w 的变化率。由常理推断，可以通过重复增加梯度项来构造速度。这表示，如果梯度在某些学习过程中几乎在同样的方向上，就可以得到那个方向上比较大的移动量。试想如果直接按坡度下降，会发生什么，如图 3-35 所示。

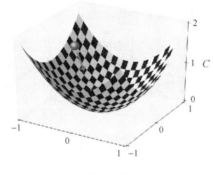

图　3-35

每一步速度都不断增大，所以小球会越来越快地到达谷底，这样就能够确保动量技术比常规的梯度下降算法运行得更快。当然，这里也存在问题：一旦达到谷底，就会跨越过去；或者，如果梯度本该快速改变却没有改变，那么会在错误的方向上移动太多。这就是在方程(107)中使用 μ 这个超参数的原因。前面提到，μ 可以控制系统中摩擦力的大小，具体而言，应该将 $1 - \mu$ 看作摩擦力的量。当 $\mu = 1$ 时，没有摩擦力，速度完全由梯度 ∇C 决定。若 $\mu = 0$，就存在很大的摩擦力，速度无法累加，方程(107)和方程(108)就变成了常规的梯度下降算法 $w \to w' = w - \eta \nabla C$。在实践中，使用 0 到 1 的 μ 值可以避免过量又能累加速度。可以使用 hold out 方法验证数据集来选择合适的 μ 值，就像之前选择 η 和 λ 那样。

本书避免为 μ 命名，原因是 μ 的标准名称 momentum co-efficient 不是很好，容易引起困惑，因为 μ 并不是物理学中代表动量的符号，而更像摩擦力的概念。然而，这个术语已经广泛使用了，所以本书继续使用它。

动量技术的一个优点是基本上不需要改动梯度下降算法太多代码即可实现。我们可以如前所示继续使用反向传播来计算梯度，然后随机选择小批量，这样可以利用 Hessian 技术——使用梯度的变化信息，也仅仅需要微调。实践中，动量技术很常用，也能加速学习。

❑ 如果使用 $\mu > 1$ 会有什么问题？

❑ 如果使用 $\mu < 0$ 会有什么问题？

在 network2.py 中增加基于动量的随机梯度下降算法。

优化代价函数的其他方法：优化代价函数的方法还有很多，但并没有哪种方法公认最佳。随着对神经网络理解的深入，不妨尝试一下其他优化技术，了解它们的工作原理、优势和劣势，以及在实践中如何应用。前面提到的一篇论文[1]介绍并比较了这些技术，涵盖共轭梯度下降方法和 BFGS 方法（以及与之相关的 L-BFGS 方法）。另一种效果出色的技术[2]是 Nesterov 的梯度加速技术，该技术改进了动量技术。然而，对于很多问题，常规的随机梯度下降算法已经足够，特别是采用动量技术后效果很好了，所以后面会继续使用随机梯度下降算法。

3.6.2　其他人工神经元模型

前面使用的神经元都是 sigmoid 神经元。理论上讲，由这类神经元构建而成的神经网络可以计算任何函数。实践中，使用其他神经元模型有时表现好于 sigmoid 神经网络。取决于不同的应用，基于其他神经元类型的神经网络可能学习得更快，更容易泛化到测试集，或者两者皆有。下面介绍其他一些模型选择，某些可以考虑常用。

最简单的变体可能就是 tanh 神经元了，它使用 tanh 函数替换 sigmoid 函数。输入为 x、权重向量为 w、偏置为 b 的 tanh 神经元的输出是：

$$\tanh(w \cdot x + b) \tag{109}$$

tanh 是双曲正切函数，它和 sigmoid 神经元关系密切。回想一下 tanh 函数的定义：

$$\tanh(z) \equiv \frac{e^z - e^{-z}}{e^z + e^{-z}} \tag{110}$$

[1] Yann LeCun, Léon Bottou, Genevieve Orr, et al. *Efficient BackProp*, 1998.

[2] Ilya Sutskever, James Martens, George Dahl. *On the importance of initialization and momentum in deep learning*, 2012.

进行简单的代数运算, 可得:

$$\sigma(z) = \frac{1 + \tanh(z/2)}{2} \tag{111}$$

也就是说, tanh 函数仅仅是 sigmoid 函数的按比例变化版本, 其形状也与之相似, 如图 3-36 所示。

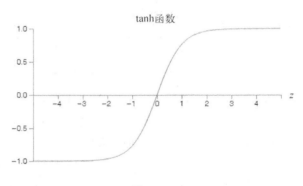

图   3-36

这两个函数之间的一个差异是 tanh 神经元输出的值域是(-1, 1)而非(0, 1)。这意味着如果基于 tanh 神经元构建, 可能需要将最终的输出 (取决于应用的细节和输入) 归一化, 这与 sigmoid 神经网络略微不同。

类似于 sigmoid 神经元, 理论上基于 tanh 神经元的神经网络可以计算任何将输入映射到 (-1, 1)的函数[1], 而且反向传播算法和随机梯度下降算法等也能轻松用于由 tanh 神经元构成的神经网络。

练   习

证明方程(111)。

神经网络应该使用什么类型的神经元呢, 是 tanh 还是 sigmoid? 其实并没有先验的答案, 然而一些理论和实践表明 tanh 有时表现得更好[2]。下面简单介绍一下关于 tanh 的一个理论观点。假

---

① 对于 tanh 神经元和 sigmoid 神经元, 以及下面要讨论的修正线性神经元, 该说法存在技术上的一些预先声明, 然而笼统地讲, 通常可以把神经网络理解为能以任意精度近似任何函数。

② Yann LeCun, Léon Bottou, Genevieve Orr, et al. *Efficient BackProp*, 1998.
   Xavier Glorot, Yoshua Bengio. *Understanding the difficulty of training deep feedforward networks*, 2010.

设使用 sigmoid 神经元，所有激活值都是正数，考虑一下权重 w_{jk}^{l+1} 输入到第(l+1)层的第 j 个神经元上。根据反向传播规则，相关梯度是 $a_k^l \delta_j^{l+1}$。因为所有激活值都是正数，所以梯度的符号和 δ_j^{l+1} 一致。这意味着如果 δ_j^{l+1} 为正，那么梯度下降时所有权重 w_{jk}^{l+1} 都会减少；如果 δ_j^{l+1} 为负，那么梯度下降时所有权重 w_{jk}^{l+1} 都会增加。换言之，针对相同神经元的所有权重都会一起增加或者一起减少。这就有问题了，因为某些权重可能需要相反的变化。这样的话，某些输入激活值有相反的符号才行，而用 tanh 替换就能实现。因为 tanh 是关于 0 对称的，所以 $\tanh(-z) = -\tanh(z)$。我们甚至期望隐藏层的激活值能够在正负间保持平衡，这样可以保证权重更新没有系统化的单方面偏置。

如何看待这个论点呢？尽管论点是建设性的，但还只是一条启发式规则，而非确切证明了 tanh 函数一定优于 sigmoid 函数，可能 sigmoid 神经元还有其他特性可以补益。实际上，对于很多任务，在实践中 tanh 神经元带来的性能提升非常微弱，甚至没有。目前还没有简单准确的规则可以判断对于特定的应用哪种神经元学习得更快，或者泛化能力更强。

另一个变体是**修正线性神经元**或者**修正线性单元**（ReLU）。输入为 x、权重向量为 w、偏置为 b 的修正线性单元神经元的输出是：

$$\max(0, w \cdot x + b) \tag{112}$$

函数 $\max(0, z)$ 的图像如图 3-37 所示。

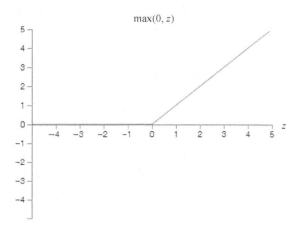

图 3-37

显然，这样的神经元与 sigmoid 和 tanh 都不同。修正线性单元也能用于计算任何函数，可以使用反向传播算法和随机梯度下降算法进行训练。

何时应该使用修正线性单元而非其他神经元呢？近年来的一些图像识别研究工作[①]发现了使用修正线性单元的好处。然而，就像对 tanh 神经元那样，我们对修正线性单元何时表现更好及其原因还不甚了解。关于这个问题，可以回想一下 sigmoid 神经元在饱和时（输出接近 0 或 1 时）停止学习的问题，本章也多处提到 σ' 降低了梯度，使学习减缓的问题，tanh 神经元也有类似的问题。与之相对，提高修正线性单元的带权输入并不会导致其饱和，也就不存在那样的学习速度变慢。另外，当带权输入是负数时，梯度就消失了，这样神经元就完全停止了学习。这些有助于理解修正线性单元何时何故更优。

前面提到了不确定性——目前还没有坚实的理论能指导如何选择激活函数。实际上，这个问题更为复杂，因为其实是有无穷多可能的激活函数。对于给定问题，什么激活函数最好？什么激活函数能让学习最快？哪个能带来最高的测试准确率？其实并没有太多深入、系统的研究工作。理想中，有理论能准确细致地告诉我们如何选择激活函数。当然，不应该让这种缺失阻碍我们学习和应用神经网络。基于现有的强大技术，可以完成很多研究工作。后面会继续将 sigmoid 神经元作为首选，因为它很强大，也会给出关于神经网络核心思想的具体示例。但请记住，这些想法也适用于其他类型的神经元，有时的确能提升性能。

3.6.3　有关神经网络的故事

提问：您怎么看那些全部由实验结果（而非数学论证）支撑的对机器学习技术的应用和研究呢？在哪些场景中这些技术无效呢？

回答：坦白而言，缺乏有力的理论。有时我们认为某些技术在数学上应该是可行的，但最终发现直觉是错误的。这个问题其实是：某个方法对特定问题效果如何，以及它的适用范围有多大。

——著名神经网络研究专家 Yann LeCun 答问

在参加有关量子力学基础的会议时，我发现了一种有趣的口头表达习惯：在报告结束时，听众的问题通常是以"我很赞同你的观点，但是……"开始的。量子力学基础不是我的专长，我之所以会注意到这种质疑方式，是因为在其他科学会议上听众很少对演讲者的观点表达同情。当时

[①] Kevin Jarrett、Koray Kavukcuoglu、Marc'Aurelio Ranzato 等人于 2009 年发表的论文 *What is the Best Multi-Stage Architecture for Object Recognition?*，Xavier Glorot、Antoine Bordes、Yoshua Bengio 于 2011 年发表的论文 *Deep Sparse Rectifier Neural Networks*，以及 Alex Krizhevsky、Ilya Sutskever 和 Geoffrey Hinton 于 2012 年发表的论文 *ImageNet Classification with Deep Convolutional Neural Networks* 论述了关于如何设置输出层、代价函数、用修正线性单元正则化神经网络的重要细节，而本书未涉及这些。这些论文也详细讨论了使用修正线性单元的优点和缺点。Vinod Nair 和 Geoffrey Hinton 于 2010 年发表的论文 *Rectified Linear Units Improve Restricted Boltzmann Machines* 演示了以不同于神经网络的方法使用修正线性单元的好处。

我认为这种质疑方式存在是因为该领域很少有重大进展，长期停在原地。后来，我意识到这种想法有些尖刻，演进者正试图解决一些最难的问题，进展当然会非常缓慢。即使不一定会带来新进展，但是了解人们目前的思考方向也很有价值。

你可能也注意到了类似于"我很赞同你的观点，但是……"这样的表达。为了解释我们已经见到的情况，我通常会使用"试想，……"或者"粗略地讲，……"这类表述，然后通过故事解释某个现象或问题。这些故事是可信的，但实验性的证据常常不够充分。如果你通读研究文献，会发现神经网络研究中有很多类似的表述，基本上没有充足的证据支撑。所以应该怎样看待这样的故事呢？

在科学的很多分支中，尤其是那些研究简单现象的领域，很容易得到一些关于一般假说的可靠证据，但是神经网络中存在大量参数和超参数，其间的交互也极其复杂。在这样的复杂系统中，得出可靠的一般性论断尤其困难。完全理解神经网络实际上和量子力学基础类似，都是对人类思维极限的挑战。实际上，我们通常是和一些一般理论的具体实例打交道——找到正面或者反面的证据。因此，当有新证据出现时，需要对这些理论进行调整甚至抛弃。

对于这种情况，一种观点认为任何关于神经网络的启发式论点都会带来挑战，例如考虑前文引用的解释 Dropout 工作原理的语句[1]："因为神经元不能依赖其他特定的神经元，所以该技术其实减少了神经元间复杂的互适应，而强制学习那些在神经元的不同随机子集中更稳固的特征。"这是一个有价值又带有争议的假说，可以据此观点发展出一系列研究项目，辨明其中真假，以及哪个需要变化和改进。实际上，一些研究人员正在研究 Dropout 及其变体，分析其工作机制和极限所在。前面讨论过的启发式方法也有类似的情况，它们不仅是潜在的解释，也是进一步研究和理解的挑战。

当然，独自研究所有这些启发式方法在时间上是不允许的，可能需要研究人员花费数十年（甚至更久）发展出一个真正可靠、基于实证的关于神经网络工作原理的理论。那么这是否意味着因其不严谨且无法充分证明而应该放弃启发式方法呢？当然不是，实际上，这样的启发式方法有助于激发和指导我们思考。这有点像大航海时代：早期的探险家基于带有重大错误的认识进行探索（但有了新发现）。后来随着地理知识的进步，这些错误被纠正了。当对某件事理解不深时，就像探险家对地理的理解以及如今我们对神经网络的理解，比起严格验证每一步思考，大胆探索显得更重要。应该将这些故事看作关于如何思考神经网络的指导，明晰其限制，验证证据的可靠性。换言之，好的故事能不断激励和启发我们去勇敢探索，然后通过严谨深入的调查来探求真理。

---

[1] Alex Krizhevsky, Ilya Sutskever, Geoffrey Hinton. *ImageNet Classification with Deep Convolutional Neural Networks*, 2012.

## 第 4 章

神经网络可以计算任何
函数的可视化证明

对于神经网络，一个显著的事实就是它可以计算任何函数。假设有某个复杂而奇特的函数 $f(x)$，如图 4-1 所示。

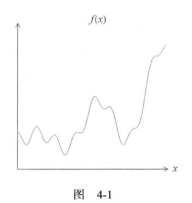

图　4-1

不管该函数如何，总有神经网络能够对任何可能的输入 x，输出值 $f(x)$（或者某个足够准确的近似），如图 4-2 所示。

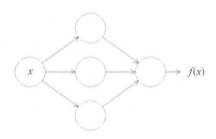

图　4-2

即使函数有很多输入和输出，$f = f(x_1, \cdots, x_m)$，结果也是成立的。例如该神经网络计算一个函数，该函数有 $m = 3$ 个输入和 $n = 2$ 个输出，如图 4-3 所示。

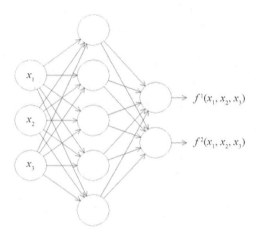

图 4-3

结果表明神经网络具有一种普遍性，无论我们想计算什么函数，都能用神经网络实现。

甚至将神经网络的输入层和输出层之间限制在只有一个中间层的情况下，该普遍性定理仍成立，所以简单的神经网络架构非常强大。

普遍性定理对于神经网络的使用者来说是众所周知的事情，但其合理性没有普遍接受的解释。现有的大多数解释往往具有很强的技术性，例如有一篇论文[①]运用罕–巴拿赫定理、里斯表示定理和一些傅里叶分析证明了这个结果。对于数学家而言，这个证明应该不难理解，但对于大多数人还是很困难的。这不能不算是一种遗憾，因为这个普遍性背后的原理其实是简单而美妙的。

本章给出该普遍性定理的简单解释，其大部分是可视化的。我们会一步步深入背后的思想，了解神经网络可以计算任何函数的原因及该论断的局限性，还有这些结论是如何与深度神经网络相关联的。

本章相对独立，理解本章内容不需要阅读前面的章节。对神经网络有基本了解便能理解这些解释。本章偶尔会提到前面的内容，便于你构建完整的知识体系。

---

① *Approximation by superpositions of a sigmoidal function*，作者是 George Cybenko。其结论在当时非常流行，有几个研究小组也给出了相似的证明。Cybenko 的论文包含了很多关于那些成果的有价值的讨论。另一篇重要的早期论文是 *Multilayer feedforward networks are universal approximators*，作者是 Kurt Hornik、Maxwell Stinchcombe 和 Halbert White。这篇论文采用斯通–魏尔斯特拉斯定理取得了相似的结果。

普遍性定理在计算机科学领域中特别常见，容易让人忽视其特别之处。值得一提的是，计算任意函数的能力真是太棒了！我们几乎可以将生活中的任何过程看作函数的计算，例如基于一段音乐识别曲目，其实也能将其视为计算一个函数，或者将中文翻译成英文[①]，又或者根据一个 mp4 视频文件生成对电影情节的描述并讨论表演水平。普遍性指神经网络可以做各种事情。

当然，知道神经网络可以将中文翻译成英文，并不等同于我们可以构造甚至掌握这样的神经网络。布尔电路上的传统普遍性定理也存在类似的局限性，但如前所述，神经网络通过强大的算法来学习函数，学习算法和普遍性的结合是一种有趣的混合。前面一直着重探讨学习算法，本章转向普遍性，了解其实质。

4.1　两个预先声明

在解释为何普遍性定理成立之前，首先给出关于非正式的表述"神经网络可以计算任何函数"的两个预先声明。

第一点，这句话不是说神经网络可用于准确计算任何函数，而是说可以获得不错的近似。可以通过增加隐藏神经元的数量来提升近似的准确度。例如前面用一个包含 3 个隐藏神经元的神经网络来计算 $f(x)$。对于大多数函数，使用 3 个隐藏神经元只能得到低质量的近似。通过增加隐藏神经元的数量（比如 5 个），能够得到明显更好的近似，如图 4-4 所示。

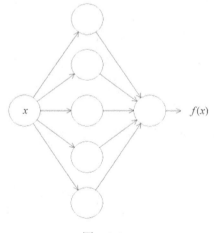

图　4-4

---

① 实际上可以将其看作计算很多函数，因为一段文本可以有多种翻译。

而且可以继续增加隐藏神经元的数目。

为了让这个表述更准确，假设给定一个函数 $f(x)$，需要按照目标准确度 $\epsilon > 0$ 进行计算。可以使用足够多的隐藏神经元，使得神经网络的输出 $g(x)$ 对所有的 x 满足 $|g(x) - f(x)| < \epsilon$，以实现近似计算。换言之，对于每个可能的输入，近似都限制在目标准确度范围内。

第二点，可以按照上述方式近似的函数其实是连续函数。如果函数不是连续的，即会有突然的"跳跃"，那么通常无法使用一个神经网络进行近似。这并不意外，因为神经网络计算的是输入的连续函数。然而，即使那些需要计算的函数是不连续的，连续的近似一般也足够好了。这样的话，就可以用神经网络来近似了。实践中，这通常不是一个严重的限制。

总结一下，关于普遍性定理，更加准确的表述是：包含隐藏层的神经网络可按照任意给定的准确度来近似任何连续函数。本章会使用有两个隐藏层的神经网络来证明该论断的弱化版本。问题部分将简单介绍如何通过微调使该解释适用于只包含一个隐藏层的神经网络。

4.2　一个输入和一个输出的普遍性

为了理解普遍性定理成立的原因，首先需要了解如何构造神经网络，使它能够近似只有一个输入和一个输出的函数，如图 4-5 所示。

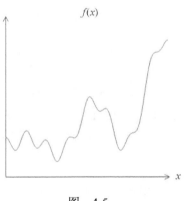

图　4-5

结果表明，这其实是普遍性问题的核心。理解了这个特例后，很容易扩展到那些有多个输入和输出的函数。

为了理解如何构造一个神经网络来计算 f，先从只包含一个隐藏层的神经网络开始，它有两个隐藏神经元，以及由单个输出神经元形成的输出层，如图 4-6 所示。

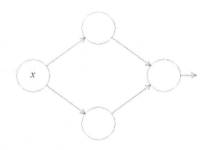

图   4-6

为了理解神经网络组件的工作机制，下面着重研究顶部的隐藏神经元。图 4-7 展示了顶部隐藏神经元的权重 w、偏置 b 和输出曲线的关系。思考如何通过顶部隐藏神经元的变化计算函数。

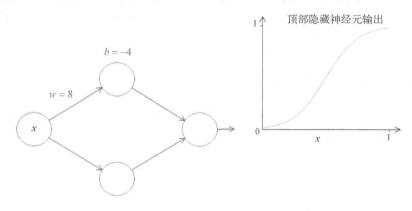

图   4-7

如前所述，隐藏神经元计算的是 $\sigma(wx+b)$，其中 $\sigma(z) \equiv 1/(1+e^{-z})$ 是 sigmoid 函数。前面频繁使用这个代数形式，这里为了证明普遍性会完全忽略其代数性质，而会在图像中调整并观察形状来获得更多认识。除了感性认知，它还能证明除了 sigmoid 函数外，普遍性也适用于其他激活函数[①]。

一开始增大偏置 b 的值。当偏置增加时，图形向左移动，但是形状保持不变。

接着减小偏置。当偏置减小时，图形向右移动，但形状仍没有变化。

_____

① 严格说来，本章采取的可视化方式证明在传统上并不被视作一种证明。但我认为，相比于传统的证明，可视化方法有助于加深理解，因为理解是证明背后的真正目的。推理中偶尔会有小的缺失：可视化参数看上去合理，但不是很严谨。如果这让你烦恼，可以把它视为一个挑战，并尝试自己补足缺失的步骤，但不要忘了真正的目的是了解普遍性定理为何是正确的。

然后将权重减小到大约 2 或 3。当权重减小时，曲线向两边拉宽了。可以通过改变偏置让曲线保持在框内。

最后，把权重增加到超过 100。这会使得曲线变得越来越陡，最终看上去像阶跃函数。尝试调整偏置，使得阶跃位置靠近 $x = 0.3$。结果应该如图 4-8 所示。

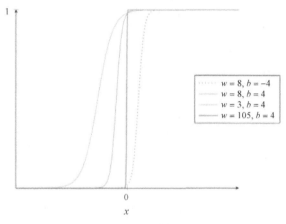

图　4-8（见彩插）

可以给权重增加很大的值来简化分析，使得输出实际上变成阶跃函数。当权重 $w = 999$ 时，顶部隐藏神经元的输出如图 4-9 所示。

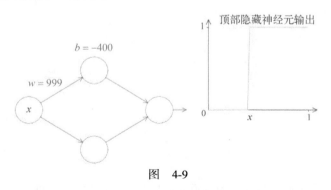

图　4-9

实际上，阶跃函数比一般的 sigmoid 函数更容易处理，原因是在输出层把所有隐藏神经元的贡献值加在一起了。分析一串阶跃函数的和很容易，而思考把一些 S 形曲线加起来会更难，所以假设隐藏神经元输出阶跃函数能简化工作。具体而言，把权重 w 固定为一个大的值，然后修改偏置来设置阶跃函数的位置。当然，把输出作为阶跃函数来处理只是一个近似，却是非常好的近似。这里把它看作精确的，稍后再讨论偏离这种近似的影响。

x 取何值时会发生阶跃呢？换言之，阶跃的位置如何取决于权重和偏置呢？

为了回答这个问题，试着修改权重和偏置。你能否算出阶跃的位置如何取决于 w 和 b？尝试一下就会发现，阶跃的位置和 b **成正比**，和 w **成反比**。

实际上，阶跃发生在 $s = -b / w$ 的位置，通过修改权重和偏置可以实现，如图 4-10 所示。

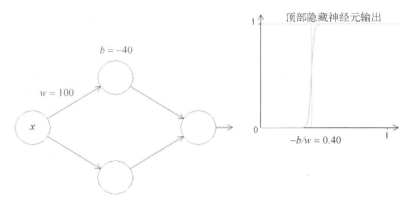

图　4-10

这将用仅仅一个参数 s 来极大地简化描述隐藏神经元的方式，这就是阶跃位置 $s = -b / w$。试着修改图 4-11 中的 s，熟悉新的参数化方式。

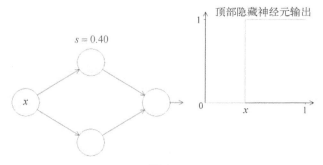

图　4-11

如前所示，我们隐式地将输入上的权重 w 设置为较大的值，大到阶跃函数能够很好地近似。通过选择偏置 $b = -ws$，很容易将以这种方式参数化的神经元转换回常见模式。

前面着重研究了顶部隐藏神经元输出，下面看看整个神经网络的行为。假设隐藏神经元在计算以阶跃点 s_1（顶部神经元）和 s_2（底部神经元）参数化的阶跃函数，它们的输出权重分别为 w_1 和 w_2，神经网络如图 4-12 所示。

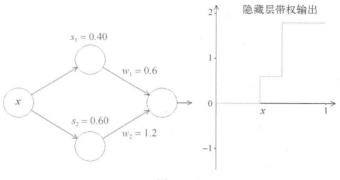

图 4-12

图 4-12 中右边绘制的是隐藏层的带权输出 $w_1a_1 + w_2a_2$，其中 a_1 和 a_2 分别是顶部神经元和底部神经元的输出[①]。这些输出用 a 表示，通常把它们称为神经元的**激活值**。

尝试增大和减小顶部隐藏神经元的阶跃点 s_1，看看这会如何改变隐藏层的带权输出，尤其注意当 s_1 经过 s_2 时的情况。可以看到这时图形发生了变化，因为从顶部隐藏神经元先被激活变成了底部隐藏神经元先被激活。

类似地，尝试操作底部隐藏神经元的阶跃点 s_2，了解这会如何改变隐藏神经元混合后的输出。

尝试增大和减小每一个输出权重。注意，这会如何调整各自隐藏神经元的贡献值？当一个权重为 0 时会发生什么？

最后，尝试设置 w_1 为 0.8、w_2 为 -0.8，会得到一个**隆起函数**（bump function），它从点 s_1 开始，到点 s_2 结束，高为 0.8。带权输出可能如图 4-13 所示。

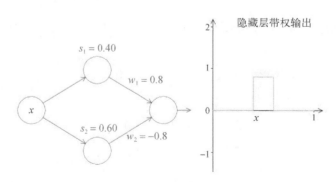

图 4-13

———————————

① 顺便提一下，整个神经网络的输出是 $\sigma(w_1a_1 + w_2a_2 + b)$，其中 b 是隐藏层的偏置。显然，这不同于隐藏层带权后的输出，即这里的曲线。下面着重研究隐藏层的带权输出，稍后考虑如何把它与整个神经网络的输出关联。

当然，可以随意调整隆起高度。可用参数 h 来表示高度。为了避免混乱，移除"$s_1=$"和 "$w_1=$"等标记，如图 4-14 所示。

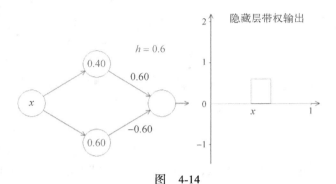

图　4-14

试着增大或减小 h 的值，看看隆起高度如何改变；试着把高度值改为负数，看看结果如何；试着改变阶跃点，看看隆起的形状如何改变。

顺便提一下，前面使用神经元的方式不只是站在图形的角度，还是传统的编程形式 if-then-else 的一种声明，例如：

```
if input >= step point:
    add 1 to the weighted output
else:
    add 0 to the weighted output
```

大部分论述将基于图像，但在接下来的内容中，有时改变视角和考虑 if-then-else 的形式会有帮助。

可以用"生成隆起"的技巧来得到两个隆起——把两对隐藏神经元填充进同一个神经网络，如图 4-15 所示。

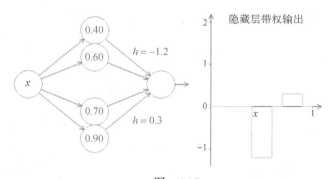

图　4-15

这里忽略了权重，只是简单地在每对隐藏神经元上写了 h 的值。尝试增大和减小两个 h 值，观察它如何改变图形。可以通过修改阶跃点来移动隆起。

更普遍地说，可以利用该思想生成任何高度的峰值，具体而言，可以把间隔 $[0,1]$ 分成许多子区间，用 N 表示，并利用 N 对隐藏神经元来设置任意高度的峰值。例如 $N=5$ 时，会有很多神经元，所以图 4-16 看起来有点挤。该图有些复杂，其实可以通过进一步抽象来隐藏其复杂性，但这里这么做是值得的，可以直观感受神经网络如何工作。

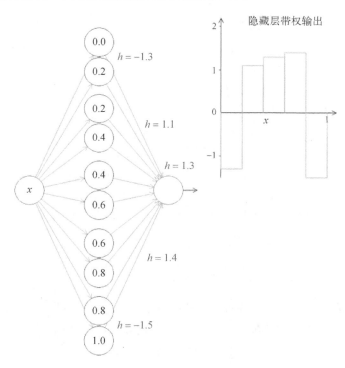

图 4-16

图 4-16 中有 5 对隐藏神经元。每对神经元对应的连接点是 0, 1/5，然后是 1/5, 2/5, $\cdots$，最后到 4/5, 5/5。这些值是固定的，它们令图形上出现 5 个均匀分布的隆起。

每对神经元都有一个值 h 与之联系。记住，神经元输出的连接有权重 h 和 $-h$（未标记）。调整 h 的值，观察函数的变化。通过改变输出权重，实际上是在设计这个函数。

改变隆起函数的高度，相应的 h 值也会发生变化。尽管这里没有显示，在对应的输出权重上其实也有变化：$+h$ 和 $-h$。

换言之，可以直接操作右边图形里的函数，然后看看左边 h 值的反应。不妨挑战一下。

回想一下章首绘制的函数，见图 4-17。

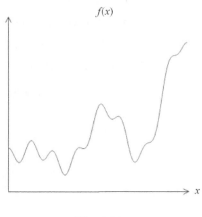

图   4-17

我们绘制的其实是以下函数：

$$f(x) = 0.2 + 0.4x^2 + 0.3x\sin(15x) + 0.05\cos(50x) \tag{113}$$

横轴和纵轴的取值范围都是 0 到 1。

显然，该函数并不简单。下面探究如何用神经网络来计算它。

在前面的神经网络中，我们已经分析了隐藏神经元输出的加权和 $\sum_j w_j a_j$，了解了如何控制这个量。但如前所述，这个量不是神经网络的输出，神经网络输出的是 $\sigma(\sum_j w_j a_j + b)$，其中 b 是输出神经元的偏置。有什么方法可以控制神经网络的实际输出吗？

解决方案是设计一个神经网络，其隐藏层有一个带权输出 $\sigma^{-1} \circ f(x)$，其中 σ^{-1} 是 σ 函数的反函数，即我们希望隐藏层的带权输出如图 4-18 所示。

如果这样做，那么整体而言神经网络的输出会是 $f(x)$ 的一个很好的近似[①]。

———————————

① 注意，我已将输出神经元的偏置设为 0 了。

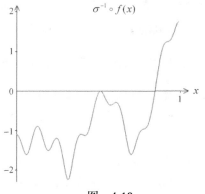

图 4-18

你的挑战是设计一个神经网络来近似前面的目标函数。为了尽可能多地学习，建议分两次解决这个问题。第一次，调整不同隆起函数的高度，会发现很容易找到一个很好的、匹配的目标函数。实现水平由目标函数和神经网络实际计算函数的平均偏置来衡量。这里的挑战是尽可能把平均偏置降低至 0.40 或以下。

完成后"重置"神经网络，随机重新初始化隆起形状。第二次解决问题时，尝试修改左边的 h 值，再次将平均偏置降低到 0.40 或以下，如图 4-19 所示[①]。

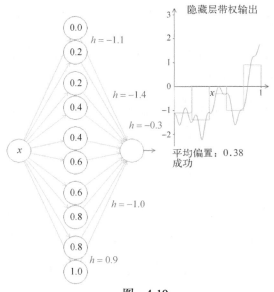

图 4-19

这样就弄明白了如何使用神经网络的必要元素来近似计算函数 $f(x)$。这只是粗略的近似，还有提升的空间，例如可以增加隐藏神经元对的数量或分配更多的隆起形状。

可见很容易将已找到的所有数据转换回神经网络使用的标准参数设定。下面总结一下工作原理。

❑ 第一层的权重都有一些大的、恒定的值，比如 $w = 1000$。

❑ 隐藏神经元上的偏置只是 $b = -ws$，例如对于第二个隐藏神经元，$s = 0.2$ 变成了 $b = -1000 \times 0.2 = -200$。

❑ 最后一层的权重由 h 值决定，例如前面第一个 h 选择了 $h = -0.1$，意味着顶部两个隐藏神经元的相应输出权重是 -0.1 和 0.1，以此类推来确定整层的输出权重。

❑ 最后，输出神经元的偏置为 0。

成果丰硕！我们得到了对一个能很好地计算原始目标函数的神经网络的完整描述，并且理解了如何通过增加隐藏神经元的数目来提升近似的质量。

此外，原始目标函数 $f(x) = 0.2 + 0.4x^2 + 0.3x\sin(15x) + 0.05\cos(50x)$ 并无特别之处。可以用该程序计算任何定义域为 $[0, 1]$、值域为 $[0, 1]$ 的连续函数。本质上，我们使用单层神经网络来为函数构建查找表。该思想通用于证明普遍性。

4.3   多个输入变量

下面把结论扩展到有多个输入变量的情况。听上去比较复杂，但两个输入的情况足以解释一切，因此下面研究有两个输入的情况。

首先考虑一个神经元有两个输入的情况，如图 4-20 所示。

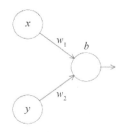

图   4-20

图中输入 x 和 y 分别对应权重 w_1 和 w_2，以及神经元上的偏置 b。把权重 w_2 设为 0，然后琢磨第一个权重 w_1 和偏置 b，看看它们如何影响神经元的输出，如图 4-21 所示。

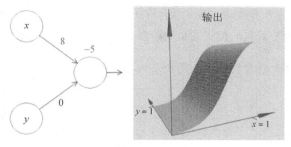

图 4-21

如图 4-21 所示，在 $w_2 = 0$ 时，输入 y 对神经元的输出没有影响，就像 x 是唯一的输入。

鉴于此，思考一下将权重 w_1 增加到 100，w_2 保持不变会发生什么？如果没有立即想出答案，不妨仔细琢磨，然后尝试一下，验证是否正确。结果如图 4-22 所示。

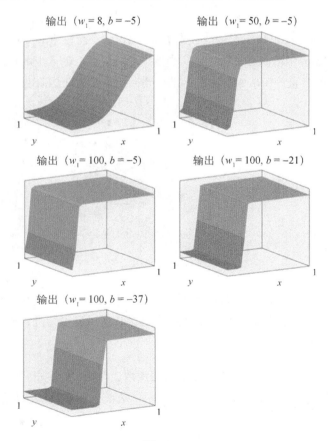

图 4-22

如前所述，随着输入权重变大，输出接近阶跃函数。不同的是，现在的阶跃函数有 3 个维度。如前所示，可以通过改变偏置的位置来移动阶跃点的位置。阶跃点的实际位置是 $s_x \equiv -b/w_1$。

用阶跃点位置作为参数重绘前面的阶跃函数，如图 4-23 所示。

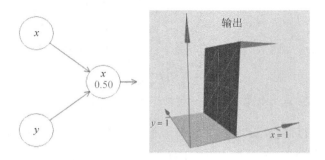

图 4-23

这里假设 x 输入上的权重取很大的值，例如 $w_1 = 1000$，而权重 $w_2 = 0$。神经元上的数字是阶跃点，数字上面的 x 表示阶跃在 x 轴方向。当然，也可以让 y 输入上的权重取非常大的值（比如 $w_2 = 1000$），x 上的权重等于0，即 $w_1 = 0$，来得到一个 y 轴方向的阶跃函数，如图 4-24 所示。

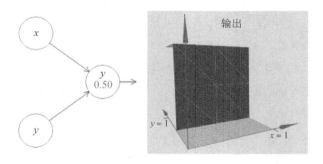

图 4-24

神经元上的数字还是阶跃点，在这种情况下，数字上的 y 表示阶跃在 y 轴方向。本来可以明确地把权重标记在 x 和 y 输入上，不这么做是因为这会让图示显得杂乱，但是记住，小 y 标记示意 y 权重是个大值，x 权重为 0。

可以用刚刚构建的阶跃函数来计算三维的隆起函数。为此，要使用两个神经元，每个负责计算 x 轴方向的一个阶跃函数，然后用相应的权重 h 和 $-h$ 将这两个阶跃函数混合，其中 h 是期望的隆起高度，如图 4-25 所示。

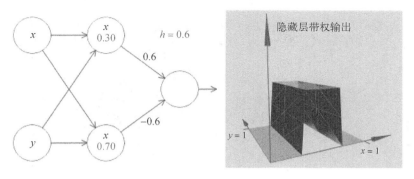

图 4-25

尝试改变高度 h 的值，观察它如何与神经网络中的权重关联，以及如何改变右边隆起函数的高度。

另外，尝试改变与顶部隐藏神经元相关的阶跃点 0.30，观察它如何改变隆起形状。当移动它超过和底部隐藏神经元相关的阶跃点 0.70 时会发生什么？

前面讲了如何生成一个 x 轴方向的隆起函数，当然，生成一个 y 轴方向的隆起函数也很容易，使用 y 轴方向的两个阶跃函数即可实现。回想一下，做法是让 y 输入的权重变大，x 输入的权重为 0。结果如图 4-26 所示。

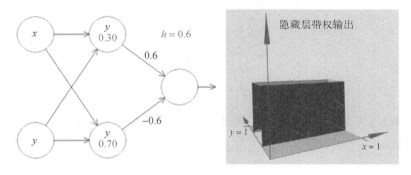

图 4-26

看上去和前面的神经网络一模一样，唯一明显改变的是隐藏神经元上现在标记了一个小 y，表示生成的是 y 轴方向的阶跃函数，不是 x 轴方向的，并且 y 上输入的权重变得非常大，x 上的输入为 0，而不是相反。如前所示，这里不明确标示，以免图像显得杂乱。

下面考虑一下叠加两个隆起函数时会发生什么，一个沿 x 轴方向，另一个沿 y 轴方向，高度都为 h，如图 4-27 所示。

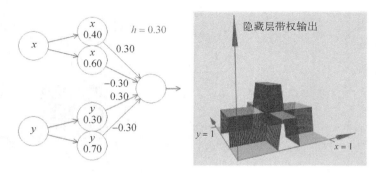

图   4-27

为了简化图形，省略了权重为 0 的连接。隐藏神经元上标有 x 和 y，表示在哪个方向上计算隆起函数。后面会略去这些标记，因为输入变量暗含了这些信息。

试着改变参数 h，这会引起输出权重以及 x 和 y 上隆起函数的高度发生变化。

构建的函数形似塔，如图 4-28 所示。

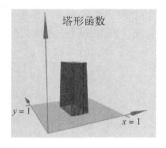

图   4-28

如果能构建这样的塔形函数，就能通过在不同位置叠加不同高度的"塔"来近似任意函数，如图 4-29 所示。

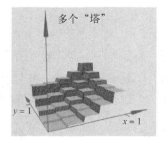

图   4-29

当然，前面没有介绍如何构建塔形函数。已经构建的函数像一个中心塔，高度为 $2h$，周围是"高原"，高度为 h。

下面构建塔形函数。前面提到神经元能用于实现 if-then-else 声明：

```
if input >= threshold:
    output 1
else:
    output 0
```

这是一个只有单个输入的神经元，我们想把类似的想法应用于隐藏神经元的组合输出：

```
if combined output from hidden neurons >= threshold:
    output 1
else:
    output 0
```

可以选择阈值，比如 $3h/2$，这是"高原"高度和"中心塔"高度的中间值。也可以把"高原"高度下降到 0，仅保留"中心塔"。

你知道怎么做吗？尝试用下面的神经网络进行试验。请注意，绘制的是整个神经网络的输出，而不仅仅是隐藏层的带权输出。这意味着隐藏层的带权输出增加了一个偏置项，并应用了 sigmoid 函数。你能找到 h 和 b 的值来构建一个塔形函数吗？这稍微有点难，有两点提示：为了让输出神经元显示正确的 if-then-else 行为，输入的权重（所有 h 或 $-h$）需要变得很大；b 的值决定了 if-then-else 阈值的大小，如图 4-30 所示。

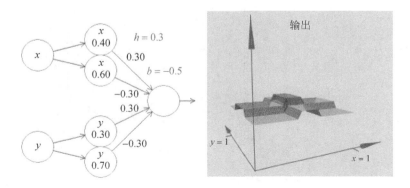

图　4-30

在初始参数的情况下，输出看起来像之前图形的平坦版本。为了实现目标行为，需要增大参数 h。此外，为了得到正确的阈值，选择了 $b \approx -3h/2$。尝试一下，看看它是如何工作的。

当 $h=10$ 时，效果如图 4-31 所示。

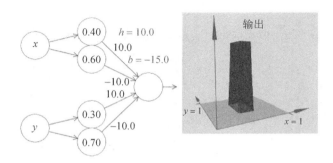

图 4-31

即使采用这个相对适中的 h 值，也得到了一个不错的塔形函数。当然，可以通过进一步增加 h 并保持偏置 $b=-3h/2$ 来改进。

下面尝试将两个这样的神经网络组合在一起，来计算两个塔形函数。清晰起见，两个神经网络分别位于图 4-32 中左侧的方形区域，使用前面介绍的技术各自计算一个塔形函数，右侧的图显示了第 2 个隐藏层的带权输出，即它是一个加权组合的塔形函数。

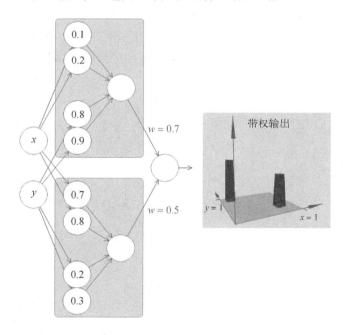

图 4-32

可以看到修改最终层的权重能改变输出"塔"的高度。

类似地，可以计算任意多的"塔"，也可以随意改变其宽度和高度，这样第 2 个隐藏层的带权输出能近似任意二元函数，如图 4-33 所示。

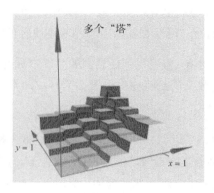

图　4-33

通过第 2 个隐藏层的带权输出来近似 $\sigma^{-1} \circ f$，可以确保神经网络输出是任意目标函数 f 的近似。

变量超过两个的函数会如何呢?

考虑 3 个变量（x_1, x_2, x_3）的情况。图 4-34 中的神经网络可用于计算四维的塔形函数。

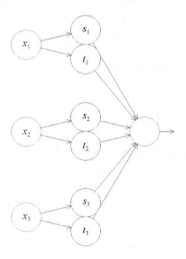

图　4-34

其中 x_1、x_2、x_3 表示神经网络的输入，s_1、t_1 等是神经元的阶跃点，即第 1 层中所有权重是很大的，而偏置设置为给出阶跃点 s_1、t_1、s_2、$\cdots$。第 2 层中的权重交替设置为 $+h$、$-h$，其中 h 是一个非常大的数。输出偏为 $-5h/2$。

当函数满足 3 个条件时：x_1 在 s_1 和 t_1 之间、x_2 在 s_2 和 t_2 之间、x_3 在 s_3 和 t_3 之间，该神经网络输出 1，其他情况输出 0，即这个"塔"在输入空间的一小块区域输出 1，在其他区域输出 0。

通过组合多个这样的神经网络，可以得到任意多的"塔"，如此可近似任意三元函数。对于 m 维，该思想也适用。唯一需要改变的是将输出偏置设为 $(-m+1/2)h$，以通过正确的中间行为来使得"高原"变平。

前面介绍了如何用神经网络来近似一个多元实值函数，那么对于向量函数 $f(x_1,\cdots,x_m) \in R^n$ 呢？当然，可以把这样的函数视为 n 个单独的实值函数：$f^1(x_1,\cdots,x_m)$、$f^2(x_1,\cdots,x_m)$……然后创建不同的神经网络来分别近似 f^1、f^2，如此等等，最后把这些神经网络组合起来，实现起来很容易。

问　题

前面介绍了如何使用具有两个隐藏层的神经网络来近似任意一个函数。你能否证明只有一个隐藏层也是可行的？提示一下，不妨探究只有两个输入变量的情况，并证明：

(1) 可以得到一个不仅仅在 x 轴方向和 y 轴方向，而是在任意方向上的阶跃函数；

(2) 可以通过累加源自 (1) 的许多结构，近似出一个塔形函数，其形状是圆的，而不是方的；

(3) 使用这些圆形"塔"，可以近似任意一个函数。

对于 (3)，稍后所讲内容可能有所帮助。

4.4　不止 sigmoid 神经元

前面证明了由 sigmoid 神经元构成的神经网络可以计算任何函数。回想一下，在一个 sigmoid 神经元中，输入 $x_1, x_2, \cdots$，输出 $\sigma(\sum_j w_j x_j + b)$，其中 w_j 是权重，b 是偏置，σ 是 sigmoid 函数，如图 4-35 所示。

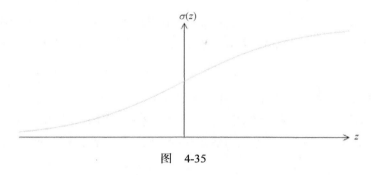

图 4-35

如果采用一个不同类型的神经元，它使用其他激活函数，比如图 4-36 中的 $s(z)$，结果会怎样？

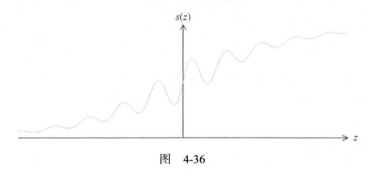

图 4-36

具体而言，假定神经元有输入 $x_1, x_2, \cdots$、权重 $w_1, w_2, \cdots$ 和偏置 b，那么输出为 $s(\sum_j w_j x_j + b)$。可以使用该激活函数来得到一个阶跃函数，正如使用 sigmoid 函数那般。试着增大图 4-37 中的权重，比如令 $w = 100$。

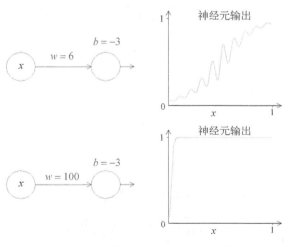

图 4-37

正如使用 sigmoid 函数的情况，这会导致激活函数收缩，并最终变成阶跃函数的一个很好的近似。尝试改变偏置，你会发现可以随意设置阶跃位置，所以可以使用前面讲过的各种技巧来计算任何函数。

$s(z)$ 需要什么性质才能起作用呢？我们需要假定 $s(z)$ 在 $z \to -\infty$ 和 $z \to \infty$ 时是明确定义的，这两个界限是在阶跃函数上取的两个值，还需要假定这两个界限不同，否则就没有阶跃，只是一个简单、平坦的图形。如果激活函数 $s(z)$ 满足这些性质，那么基于这样的激活函数的神经元可通用于计算。

问　　题

☐ 前面介绍过其他类型的神经元：修正线性单元，请解释为什么这种神经元不满足刚刚列出的普遍性的条件。请给出一个普遍性的证明，证明修正线性单元可通用于计算。

☐ 假设考虑线性神经元，即具有激活函数 $s(z) = z$ 的神经元，请解释为什么线性神经元不满足刚刚列出的普遍性的条件，并证明这样的神经元不适于通用计算。

4.5　修补阶跃函数

前面假定神经元可以准确生成阶跃函数，这是非常好的近似，但也仅仅是近似。实际上，会有一个很窄的故障窗口，如图 4-38 所示，图中函数表现得和阶跃函数非常不同。

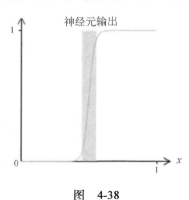

图　4-38

在这些故障窗口中，前面给出的普遍性解释不成立。

这不算是很严重的失灵，通过为输入到神经元的权重设置一个足够大的值，可以随意缩小这些故障窗口，比如可以让故障窗口比图中显示的还窄，甚至窄到肉眼无法识别，所以不用过于担心这个问题。

尽管如此，一些解决方法也值得了解。

实际上，这个问题很容易解决。下面看看只有一个输入和一个输出的神经网络如何修补其计算函数。该想法也适用于解决有更多输入和输出的问题。

假设想用神经网络计算函数 f。如前所示，尝试设计神经网络使得隐藏神经元的带权输出为 $\sigma^{-1} \circ f(x)$，如图 4-39 所示。

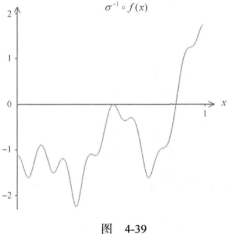

图 4-39

如果使用前面所讲的技术来实现，会使用隐藏神经元生成一系列隆起函数，如图 4-40 所示。

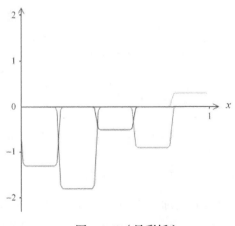

图 4-40（见彩插）

重申一下，图中的故障窗口大小有意放大了，以便于观察。显然，如果把所有这些隆起函数加起来，最终会得到 $\sigma^{-1} \circ f(x)$ 的合理近似，除了那些故障窗口。

假设使用一系列隐藏神经元来计算最初的目标函数的一半，即 $\sigma^{-1} \circ f(x) / 2$，而不是使用刚刚描述的近似。当然，这看上去就像图 4-40 的缩小版本，如图 4-41 所示。

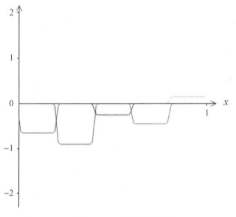

图　4-41（见彩插）

并且假设使用另外一系列隐藏神经元来计算 $\sigma^{-1} \circ f(x) / 2$ 的一个近似，但是将隆起图形偏移一半宽度，如图 4-42 所示。

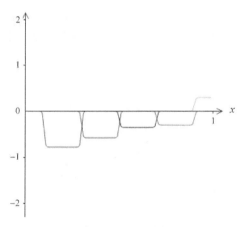

图　4-42（见彩插）

这样就得到了 $\sigma^{-1} \circ f(x) / 2$ 的两个近似。如果把这两个近似图形合起来，就会得到 $\sigma^{-1} \circ f(x)$ 的一个整体近似。这个整体近似在一些小窗口处仍有故障，但比以前要小很多。原因是一个近似的故障窗口中的点不会存在于另一个故障窗口中。

通过加入大的数 M，重叠地近似 $\sigma^{-1} \circ f(x) / M$，甚至可以做得更好。假设故障窗口已经足够窄了，其中的点只会在一个故障窗口中，而且使用一个 M 足够大的重叠近似，结果会是一个非常好的整体近似。

4.6 小结

前面对于普遍性的解释当然不是教授如何使用神经网络进行实际计算，更像是与非门或者其他类似的普遍性证明。出于这个原因，本章着重于让解释更清晰易懂，而没有过多挖掘细节。当然，改进这个解释是很有趣也很有益的练习。

尽管这个论断不能直接用于解释神经网络，但它还是很重要的，因为它解答了"能否使用神经网络计算任意函数"的问题，这个问题的答案总是肯定的。所以正确的问题并非能否计算任意函数，而是计算函数的好方法是什么。

本章对于普遍性的解释只用了两个隐藏层来计算任意函数，前面也提到了，只使用单个隐藏层也能取得相同的结果。鉴于此，你可能好奇为什么要研究深度神经网络，即具有很多隐藏层的神经网络，不能用只有单个隐藏层的浅层神经网络代替吗？

尽管从原理上讲是可行的，但使用深度神经网络仍然有实际的原因。如第 1 章所述，深度神经网络具有层级结构，使其尤其适用于学习分级的知识，可用于解决现实问题。但具体而言，当处理图像识别等问题时，使用一个不仅能理解单独的像素，还能理解复杂概念的系统是有帮助的，其中复杂概念包括图像的边缘信息、简单的几何形状，以及所有复杂、多目标的场景。后面将会探讨，学习这样的分级知识时，深度神经网络比浅层神经网络表现得更好。总结一下，普遍性指出神经网络能计算任何函数，而实践经验表明深度神经网络更适用于学习能够解决许多现实问题的函数[①]。

---

① 本章致谢：感谢 Jen Dodd 和 Chris Olah 对神经网络中关于普遍性的讨论，尤其感谢 Chris 建议使用查找表来证明普遍性。本章的可视化方式得益于很多人的工作成果，包括 Mike Bostock、Amit Patel、Bret Victor 和 Steven Wittens。

## 第 5 章

为何深度神经网络很难训练

假设你是工程师，接到一项任务：从头开始设计计算机。某天，你正在工作室设计逻辑电路，例如构建与门、或门等。这时，老板带着坏消息进来了：客户刚刚提了一个奇怪的设计需求——整个计算机的电路深度限于两层，如图 5-1 所示。

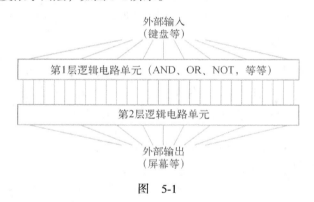

图　5-1

你惊呆了，跟老板说道："他们疯了吧！"

老板说："我也觉得他们疯了，但是客户至上，只能设法满足他们。"

实际上，客户提出的需求并不过分。假设你能使用某种特殊的逻辑对任意多的输入执行 AND 运算，还能使用多输入的与非门对多个输入执行 AND 运算和 NOT 运算。由这类特殊的逻辑门构建出来的双层深度电路就可以计算任何函数。

理论上成立并不代表这是一个好的想法。在实际解决电路设计问题或其他大多数算法问题时，通常要考虑如何解决子问题，然后逐步集成这些子问题的解。换言之，要通过多层抽象来得到最终解。

假设设计一个逻辑电路来对两个数做乘法，我们希望基于计算两个数之和的子电路来构建该逻辑电路。计算两个数之和的子电路是构建在用于两位相加的子子电路上的。电路大致如图 5-2 所示。

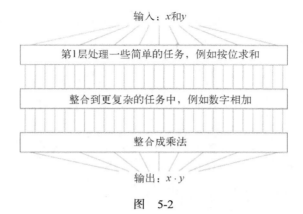

图 5-2

最终的电路至少包含 3 层。实际上，这个电路很可能超过 3 层，因为可以将子任务分解成更小的单元，但基本思想就是这样。

可见深度电路让设计过程变得更简单，但对于设计本身帮助并不大。其实用数学可以证明，对于某些函数计算，浅层电路所需的电路单元要比深度电路多得多。例如 20 世纪 80 年代初的一些著名的论文[①]已经提出，通过浅层电路计算比特集合的奇偶性需要指数级的逻辑门。然而，如果使用更深的电路，那么可以使用规模很小的电路来计算奇偶性：仅仅需要计算比特对的奇偶性，然后使用这些结果来计算比特对的对的奇偶性，以此类推，从而得出整体的奇偶性。这样一来，深度电路就能在本质上超过浅层电路了。

前文一直将神经网络看作疯狂的客户，几乎讲到的所有神经网络都只包含一层隐藏神经元（另外还有输入层和输出层），如图 5-3 所示。

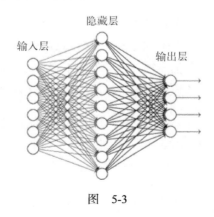

图 5-3

---

① 历史有点复杂，可参考 Johan Håstad 于 2012 年发表的论文 *On the correlation of parity and small-depth circuits*。

这些简单的神经网络已经非常有用了，前面使用这样的神经网络识别手写数字，准确率高达98%！而且，凭直觉来看，拥有更多隐藏层的神经网络会更强大，如图 5-4 所示。

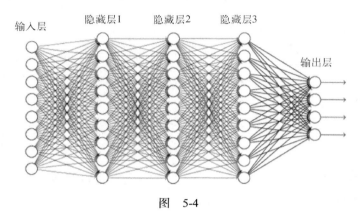

输入层　　隐藏层1　隐藏层2　隐藏层3　　　　输出层

图　5-4

这样的神经网络可以使用中间层构建出多层抽象，正如在布尔电路中所做的那样。如果进行视觉模式识别，那么第 1 层的神经元可能学会识别边；第 2 层的神经元可以在此基础上学会识别更加复杂的形状，例如三角形或矩形；第 3 层将能够识别更加复杂的形状，以此类推。有了这些多层抽象，深度神经网络似乎可以学习解决复杂的模式识别问题。正如电路示例所体现的那样，理论研究表明深度神经网络本质上比浅层神经网络更强大[①]。

如何训练深度神经网络呢？本章尝试使用我们熟悉的学习算法——基于反向传播的随机梯度下降，来训练深度神经网络。但是，这会产生问题，因为我们的深度神经网络并不比浅层神经网络的性能强多少。

这似乎与前面的讨论相悖，就此退缩吗？当然不，下面深入探究使得深度神经网络训练困难的原因。仔细研究便会发现，在深度神经网络中，不同层的学习速度差异很大。后面的层正常学习时，前面的层常常会在训练中停滞不前，基本上学不到什么。这种停滞并不是因为运气不佳，而是有着更根本的原因，并且这些原因和基于梯度的学习技术相关。

随着更加深入地理解这个问题，也会发现相反的情形：前面的层可能学习得很好，但是后面的层停滞不前。实际上，我们发现在深度神经网络中使用基于梯度下降的学习算法本身存在不稳定性。这种不稳定性使得前面或后面的层的学习过程阻滞。

---

① 对某些问题和神经网络架构，Razvan Pascanu、Guido Montúfar 和 Yoshua Bengio 在 2014 年发表的论文 *On the number of response regions of deep feed forward networks with piece-wise linear activations* 给出了证明。更详细的讨论，参见 Yoshua Bengio 的著作 *Learning Deep Architectures for AI* 的第二部分。

这的确是个坏消息,但真正理解了这些难点后,就能掌握高效训练深度神经网络的关键所在。而且这些发现也是第 6 章的预备知识,届时会介绍如何使用深度学习解决图像识别问题。

5.1 梯度消失问题

在训练深度神经网络时,究竟哪里出了问题?

为了回答这个问题,首先回顾一下使用单一隐藏层的神经网络示例。这里仍以 MNIST 数字分类问题作为研究和试验的对象。

你也可以使用自己的计算机训练神经网络。如果想同步跟随这些步骤,需要用到 NumPy,可以使用如下命令复制所有代码:

```
git clone https://github.com/mnielsen/neural-networks-and-deep-learning.git
```

如果你不使用 Git,可以直接在随书下载的压缩包里找到数据和代码。

进入 src 子目录,在 Python shell 中加载 MNIST 数据:

```
>>> import mnist_loader
>>> training_data, validation_data, test_data = \
... mnist_loader.load_data_wrapper()
```

初始化神经网络:

```
>>> import network2
>>> net = network2.Network([784, 30, 10])
```

该神经网络有 784 个输入神经元,对应输入图片的 28×28 = 784 个像素点。我们设置隐藏神经元为 30 个,输出神经元为 10 个,对应 10 个 MNIST 数字(0 ~ 9)。

训练 30 轮,小批量样本大小为 10,学习率 $\eta = 0.1$,正则化参数 $\lambda = 5.0$。训练时也会在 validation_data 上监控分类准确率:

```
>>> net.SGD(training_data, 30, 10, 0.1, lmbda=5.0,
... evaluation_data=validation_data, monitor_evaluation_accuracy=True)
```

最终的分类准确率为 **96.48%**(也可能不同,每次运行实际上都会有一点点偏差),这和前面的结果相似。

接下来增加另外一个隐藏层,它也包含 30 个神经元,并使用相同的超参数进行训练:

```
>>> net = network2.Network([784, 30, 30, 10])
>>> net.SGD(training_data, 30, 10, 0.1, lmbda=5.0,
... evaluation_data=validation_data, monitor_evaluation_accuracy=True)
```

分类准确率稍有提升，到了 96.90%，这说明增加深度有效果，那就再增加一个隐藏层，它同样有 30 个神经元：

```
>>> net = network2.Network([784, 30, 30, 30, 10])
>>> net.SGD(training_data, 30, 10, 0.1, lmbda=5.0,
... evaluation_data=validation_data, monitor_evaluation_accuracy=True)
```

结果分类准确率不仅没有提升，反而下降到了 96.57%，这与最初的浅层神经网络相差无几。尝试再增加一层：

```
>>> net = network2.Network([784, 30, 30, 30, 30, 10])
>>> net.SGD(training_data, 30, 10, 0.1, lmbda=5.0,
... evaluation_data=validation_data, monitor_evaluation_accuracy=True)
```

分类准确率继续下降，变为 96.53%。虽然这从统计角度看算不上显著下降，但释放出了不好的信号。

这种现象非常奇怪。根据常理判断，额外的隐藏层能让神经网络学到更加复杂的分类函数，然后在分类时表现得更好。按理说不应该变差，有了额外的神经元层，再糟糕也不过是没有作用[①]，然而情况并非如此。

这究竟是为什么呢？理论上，额外的隐藏层的确能够起作用，然而学习算法没有找到正确的权重和偏置。下面研究学习算法本身出了什么问题，以及如何改进。

为了直观理解这个问题，可以将神经网络的学习过程可视化。图 5-5 展示了 [784, 30, 30, 10] 神经网络的一部分——两个隐藏层，每层各有 30 个神经元。图中每个神经元都有一个条形统计图，表示在神经网络学习时该神经元改变的速度，长条代表权重和偏置变化迅速，反之则代表变化缓慢。确切地说，这些条代表每个神经元上的 $\partial C / \partial b$，即代价关于神经元偏置的变化速率。第 2 章讲过，这个梯度量不仅控制着学习过程中偏置改变的速度，也控制着输入到神经元的权重的改变速度。遗忘了这些细节也不要紧，这里只需要记住这些条表示每个神经元权重和偏置在神经网络学习时的变化速率。

简单起见，图 5-5 只展示了每个隐藏层最上方的 6 个神经元。之所以没有展示输入神经元，

---

① 稍后会谈到如何构建什么都不做的隐藏层。

是因为它们没有需要学习的权重或偏置；之所以没有展示输出神经元，是因为这里进行的是层与层的比较，而比较神经元数量相同的两层更为合理。神经网络初始化后立即得到了训练前期的结果，如图 5-5[①]所示。

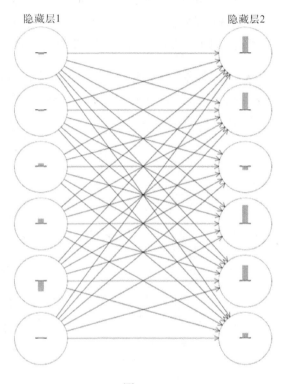

图　5-5

该神经网络是随机初始化的，因此神经元的学习速度其实相差较大，而且隐藏层 2 上的条基本上要比隐藏层 1 上的条长，所以隐藏层 2 的神经元学习得更快。这仅仅是一个巧合吗？这能否说明第 2 个隐藏层的神经元一般会比第 1 个隐藏层的神经元学习得更快呢？

为了验证猜测，以一种全局的方式来比较学习速度会比较有效。这里将第 l 层的第 j 个神经元的梯度表示为 $\delta_j^l = \partial C / \partial b_j^l$。可以将 δ^1 看作一个向量，表示第 1 个隐藏层的学习速度，δ^2 则表示第 2 个隐藏层学习速度；接着以这些向量的长度度量隐藏层的学习速度。因此，$\|\delta^1\|$ 度量第 1 个隐藏层的学习速度，$\|\delta^2\|$ 则度量第 2 个隐藏层的学习速度。

借助以上定义，在和图 5-5 相同的配置下，$\|\delta^1\| = 0.07\ldots$，而 $\|\delta^2\| = 0.31\ldots$，这样就解开了

---

① 该图像以及后面展示结果的图像由程序 generate_gradient.py 生成。

之前的疑惑：第 2 个隐藏层的神经元确实比第 1 个隐藏层的学得快。

如果添加更多隐藏层，会如何呢？如果有 3 个隐藏层，比如一个 [784,30,30,30,10] 神经网络，那么对应的学习速度分别是 0.012、0.060 和 0.283，其中前面两个隐藏层的学习速度还是慢于最后的隐藏层。假设再增加一个包含 30 个神经元的隐藏层，那么对应的学习速度分别是 0.003、0.017、0.070 和 0.285。还是相同的模式：前面的隐藏层比后面的隐藏层学习得更慢。

这就是训练开始时的学习速度，即刚刚初始化之后的情况。那么随着训练的推进，学习速度会发生怎样的变化呢？以只有两个隐藏层的神经网络为例，其学习速度的变化如图 5-6 所示。

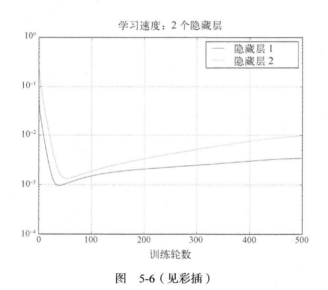

图 5-6（见彩插）

这些结果产生自对 1000 幅训练图像应用梯度下降算法，训练了 500 轮。这与通常的训练方式不同，没有使用小批量方式，仅仅使用了 1000 幅训练图像，而不是全部的 50 000 幅图像。这并不是什么新尝试，也不是敷衍了事，而显示了使用小批量随机梯度下降会让结果包含更多噪声（尽管在平均噪声时结果很相似）。可以使用确定好的参数对结果进行平滑处理，以便看清楚真实情况。

如图 5-6 所示，两个隐藏层一开始速度便不同，二者的学习速度在触底前迅速下降。此外，第 1 层的学习速度比第 2 层慢得多。

更复杂的神经网络情况如何呢？下面进行类似的试验，但这次神经网络有 3 个隐藏层（[784,30,30,30,10]），如图 5-7 所示。

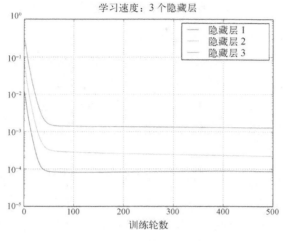

图 5-7（见彩插）

同样，前面的隐藏层比后面的隐藏层学习得更慢。最后一个试验用到 4 个隐藏层（[784,30, 30,30,30,10]），看看情况如何，如图 5-8 所示。

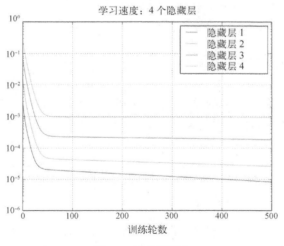

图 5-8（见彩插）

同样的情况出现了，前面的隐藏层慢于后面的隐藏层。其中隐藏层 1 的学习速度跟隐藏层 4 的差了两个数量级，即前者是后者的 1/100，难怪之前训练这些神经网络时出现了问题。

这就有了重要发现：至少在某些深度神经网络中，梯度在隐藏层反向传播时倾向于变小。这意味着前面的隐藏层中的神经元比后面的隐藏层中的神经元学习得更慢。本节只研究了一个神经网络，其实多数神经网络存在这个现象，即**梯度消失问题**[①]。

为何会出现梯度消失问题呢？如何避免它呢？在训练深度神经网络时如何处理这个问题呢？实际上，这个问题并非不可避免，然而替代方法并不完美，也会出现问题：前面的层中的梯度会变得非常大！这被称为**梯度爆炸问题**，它不比梯度消失问题容易处理。一般而言，深度神经网络中的梯度是不稳定的，在前面的层中可能消失，可能"爆炸"。这种不稳定性是基于梯度学习的深度神经网络存在的根本问题，也就是需要理解的地方。如果可能，应该采取恰当的措施解决该问题。

关于梯度消失（或不稳定），一种观点是确定这真的成问题。暂时换一个话题，假设要最小化一元函数 $f(x)$，如果其导数 $f'(x)$ 很小，这难道不是一个好消息吗？是否意味着已经接近极值点了？同样，深度神经网络中前面隐藏层的小梯度是否表示不用费力调整权重和偏置了？

当然，实际情况并非如此。想想随机初始化神经网络中的权重和偏置。对于任意任务，单单使用随机初始化的值难以获得良好结果。具体而言，考虑 MNIST 问题中神经网络第 1 层的权重，随机初始化意味着第 1 层丢失了输入图像的几乎所有信息。即使后面的层能得到充分的训练，这些层也会因为没有充足的信息而难以识别输入图像。因此，第 1 层不进行学习是行不通的。如果继续训练深度神经网络，就需要弄清楚如何解决梯度消失问题。

5.2   梯度消失的原因

为了弄清楚梯度消失问题出现的原因，看一个极简单的深度神经网络：每层都只有单一神经元。图 5-9 展示了有 3 个隐藏层的神经网络。

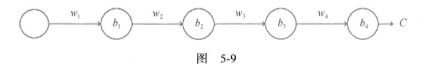

图   5-9

图中 $w_1, w_2, \cdots$ 是权重，$b_1, b_2, \cdots$ 是偏置，C 是某个代价函数。回顾一下，第 j 个神经元的输出 a_j 为 $\sigma(z_j)$，其中 σ 是普通的 sigmoid 激活函数，$z_j = w_j a_{j-1} + b_j$ 则是神经元的带权输入。最后标示了代价函数 C 来强调代价是神经网络输出 a_4 的函数：如果实际输出接近目标输出，那么代价会变低，反之会变高。

---

① Sepp Hochreiter、Yoshua Bengio、Paolo Frasconi 等人于 2001 年发表了论文 *Gradient flow in recurrent nets: the difficulty of learning long-term dependencies*。这篇论文研究的是循环神经网络，但其本质现象和这里研究的前馈神经网络中的相同。还可参考 1991 年 Sepp Hochreiter 的学位论文 *Untersuchungen zu dynamischen neuronalen Netzen*。

下面研究一下与第 1 个隐藏神经元关联的梯度 $\partial C / \partial b_1$。我们将分析 $\partial C / \partial b_1$ 的表达式，据此找出梯度消失的原因。

首先给出 $\partial C / \partial b_1$ 的表达式，见图 5-10。初看有点复杂，但其结构相当简单，稍后解释（先忽略神经网络，其中 σ' 是 σ 的导数）。

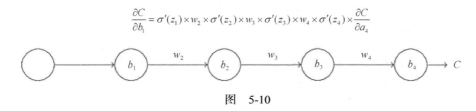

图 5-10

表达式结构如下：每个神经元都有 $\sigma'(z_j)$ 项，每个权重都有 w_j 项，此外还有一个 $\partial C / \partial a_4$ 项，它表示最终的代价函数。注意，这里将表达式中的每一项置于对应的位置，所以神经网络本身就是对表达式的解读。

你可以不深究这个表达式，直接跳到下文讨论为何出现梯度消失的内容。这样做不会影响理解，因为实际上该表达式只是反向传播的特例。不过，对于该表达式为何正确，了解一下也很有趣（可能还会给你有益的启示）。

假设对偏置 b_1 做了微调 Δb_1，这会导致神经网络中其余元素发生一系列变化。首先会使得第 1 个隐藏神经元输出产生 Δa_1 的变化，进而导致第 2 个隐藏神经元的带权输入产生 Δz_2 的变化，第 2 个隐藏神经元输出随之产生 Δa_2 的变化，以此类推，最终输出的代价会产生 ΔC 的变化。这里有：

$$\frac{\partial C}{\partial b_1} \approx \frac{\Delta C}{\Delta b_1} \tag{114}$$

这表示可以通过仔细追踪每一步的影响来搞清楚 $\partial C / \partial b_1$ 的表达式。

下面看看 Δb_1 是如何影响第 1 个隐藏神经元的输出 a_1 的。有 $a_1 = \sigma(z_1) = \sigma(w_1 a_0 + b_1)$，故有：

$$\Delta a_1 \approx \frac{\partial \sigma(w_1 a_0 + b_1)}{\partial b_1} \Delta b_1 \tag{115}$$

$$= \sigma'(z_1) \Delta b_1 \tag{116}$$

$\sigma'(z_1)$ 这项看起来很熟悉，其实是前面关于 $\partial C / \partial b_1$ 的表达式的第 1 项。直观地说，这项将偏置的变化 Δb_1 转化成了输出的变化 Δa_1，Δa_1 随之又影响了带权输入 $z_2 = w_2 a_1 + b_2$：

$$\Delta z_2 \approx \frac{\partial z_2}{\partial a_1} \Delta a_1 \tag{117}$$

$$= w_2 \Delta a_1 \tag{118}$$

将 Δz_2 和 Δa_1 的表达式组合起来，可以看到偏置 b_1 的改变是如何通过神经网络传播影响 z_2 的：

$$\Delta z_2 \approx \sigma'(z_1) w_2 \Delta b_1 \tag{119}$$

结果很相似：得到了表达式 $\partial C / \partial b_1$ 的前两项。

以此类推下去，跟踪传播改变的路径即可。对每个神经元，我们都会选择一个 $\sigma'(z_j)$ 项，然后为每个权重选择一个 w_j 项。最终代价函数中变化 ΔC 关于偏置变化 Δb_1 的表达式为：

$$\Delta C \approx \sigma'(z_1) w_2 \sigma'(z_2) \cdots \sigma'(z_4) \frac{\partial C}{\partial a_4} \Delta b_1 \tag{120}$$

除以 Δb_1，的确得到了梯度的表达式：

$$\frac{\partial C}{\partial b_1} = \sigma'(z_1) w_2 \sigma'(z_2) \cdots \sigma'(z_4) \frac{\partial C}{\partial a_4} \tag{121}$$

5.2.1   为何出现梯度消失

梯度的完整表达式如下：

$$\frac{\partial C}{\partial b_1} = \sigma'(z_1) w_2 \sigma'(z_2) w_3 \sigma'(z_3) w_4 \sigma'(z_4) \frac{\partial C}{\partial a_4} \tag{122}$$

除了最后一项，该表达式几乎就是一系列 $w_j \sigma'(z_j)$ 的乘积。为了理解每一项，先看看 sigmoid 函数的导数的图像，如图 5-11 所示。

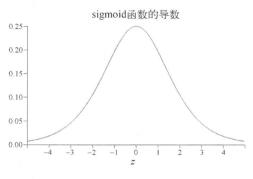

图   5-11

该导数在 $\sigma'(0)=1/4$ 时达到峰值。如果使用标准方法来初始化神经网络中的权重,那么会用到一个均值为 0、标准差为 1 的高斯分布,因此所有权重通常会满足 $|w_j|<1$ 。基于这些信息,可知有 $|w_j\sigma'(z_j)|<1/4$ 。另外,在对所有这些项计算乘积后,最终结果肯定会呈指数级下降:项越多,乘积下降得越快。梯度消失的原因初见端倪。

更具体一点,比较 $\partial C/\partial b_1$ 和稍后面一个偏置的梯度,例如 $\partial C/\partial b_3$ 。当然,还未明确给出 $\partial C/\partial b_3$ 的表达式,但计算方式是和 $\partial C/\partial b_1$ 相同的。二者的对比如图 5-12 所示。

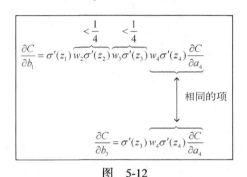

图 5-12

这两个表达式有很多项相同,但 $\partial C/\partial b_1$ 多了两项。由于这些项都小于 $1/4$,因此 $\partial C/\partial b_1$ 会是 $\partial C/\partial b_3$ 的 $1/16$ 或者更小,这其实就是梯度消失的根本原因。

当然,以上并非梯度消失问题的严谨证明,而是一个不太正式的论断,可能还有别的一些原因。我们尤其想知道权重 w_j 在训练中是否会增长,如果会,项 $w_j\sigma'(z_j)$ 是否不再满足 $|w_j\sigma'(z_j)|<1/4$ 这个条件。实际上,如果项变得很大——超过 1——那么梯度消失问题将不会出现。当然,这时梯度会在反向传播中呈指数级增长,即出现了梯度爆炸问题。

5.2.2 梯度爆炸问题

下面分析梯度爆炸的原因。举的例子可能不那么自然:固定神经网络中的参数,以确保发生梯度爆炸。即使不太自然,这个例子也能说明梯度爆炸确实会发生(而非假设)。

通过两个步骤产生梯度爆炸:首先使神经网络的权重取很大的值,比如 $w_1=w_2=w_3=w_4=100$,然后选择偏置,使得 $\sigma'(z_j)$ 项不会太小。这很容易实现:选择偏置来保证每个神经元的带权输入是 $z_j=0$ (这样一来,$\sigma'(z_j)=1/4$)。比如想要 $z_1=w_1a_0+b_1=0$,只需令 $b_1=-100\times a_0$ 即可。使用同样的方法来获得其他偏置,就会发现所有的项 $w_j\sigma'(z_j)$ 都等于 $100\times\frac{1}{4}=25$ 。最终就发生梯度爆炸了。

5.2.3 梯度不稳定问题

根本问题其实不是梯度消失问题或梯度爆炸问题，而是前面的层上的梯度来自后面的层上项的乘积。当层过多时，神经网络就会变得不稳定。让所有层的学习速度都近乎相同的唯一方式是所有这些项的乘积达到一种平衡。如果没有某种机制或者更加本质的保证来达到平衡，那么神经网络就很容易不稳定。简而言之，根本问题是神经网络受限于梯度不稳定问题。因此，如果使用基于梯度的标准学习算法，那么不同的层会以不同的速度学习。

> **练　习**
>
> 在关于梯度消失问题的讨论中，我们采用了 $|\sigma'(z)|<1/4$ 这个结论。假设使用一个不同的激活函数，其导数值更大，这有助于避免梯度不稳定问题吗？

5.2.4 梯度消失问题普遍存在

如前所述，在神经网络中，前面的层可能会出现梯度消失或梯度爆炸。实际上，在使用 sigmoid 神经元时，通常发生的是梯度消失，原因见表达式 $|w\sigma'(z)|$。为了避免梯度消失问题，需要满足 $|w\sigma'(z)|\geq1$。也许你认为如果 w 很大就行了，实际上更复杂。原因在于 $\sigma'(z)$ 项同样依赖 w：$\sigma'(z)=\sigma'(wa+b)$，其中 a 是输入激活值，所以在让 w 变大时，需要保持 $\sigma'(wa+b)$ 不变小。这会是很大的限制，因为 w 变大的话，也会使得 $wa+b$ 变得非常大。看看 σ' 的图像，就会发现它出现在 σ' 的两翼外，取到很小的值。为了避免出现这种情况，唯一的方法是让输入激活值落在相当小的范围内（这个量化的解释见下面第一个问题）。这种情况偶尔会出现，但通常不会发生，所以梯度消失问题更常见。

> **问　题**
>
> ❑ 考虑乘积 $|w\sigma'(wa+b)|$。假设有 $|w\sigma'(wa+b)|\geq1$，请完成如下证明。
>
> (1) 证明这种情况只在 $|w|\geq4$ 时才会出现。
>
> (2) 假设 $|w|\geq4$，考虑满足 $|w\sigma'(wa+b)|\geq1$ 的输入激活值 a 的集合。请证明：满足上述条件的集合跨了一个不超过如下宽度的区间。
>
> $$\frac{2}{|w|}\ln\left(\frac{|w|(1+\sqrt{1-4/|w|})}{2}-1\right) \tag{123}$$
>
> (3) 证明以上表达式在 $|w|\approx6.9$ 时取最大值（约为 0.45）。所以，即使每个条件都满足，仍有一个小的输入激活值区间，以此避免梯度消失问题。

❑ **恒等神经元**：考虑一个只有单一输入的神经元 x，对应的权重为 w_1，偏置为 b，输出上的权重为 w_2。请证明：通过合理选择权重和偏置，可以确保 $w_2\sigma(w_1x+b)\approx x$，其中 $x\in[0,1]$。这样的神经元可用作恒等神经元，即输出和输入相同（按权重因子成比例缩放）。提示：可以重写 $x=1/2+\Delta$，假设 w_1 很小，以及对 $w_1\Delta$ 使用泰勒级数展开。

5.3　复杂神经网络中的梯度不稳定

　　前面研究了简单的神经网络，其中每个隐藏层只包含一个神经元。那么，每个隐藏层包含很多神经元的深度神经网络又如何呢？图 5-13 展示了一个复杂的深度神经网络。

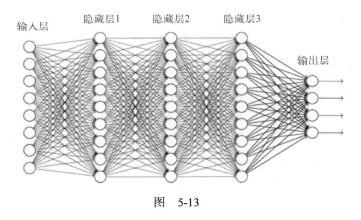

图　5-13

　　实际上，在这样的神经网络中，同样的情况也会发生。在介绍反向传播时，本书提到了在一个共 L 层的神经网络中，第 l 层的梯度是：

$$\delta^l = \Sigma'(z^l)(w^{l+1})^{\mathrm{T}}\Sigma'(z^{l+1})(w^{l+2})^{\mathrm{T}}\cdots\Sigma'(z^L)\nabla_a C \tag{124}$$

其中 $\Sigma'(z^l)$ 是一个对角矩阵，它的每个元素是第 l 层的带权输入 $\sigma'(z)$，w^l 是不同层的权重矩阵，$\nabla_a C$ 是每个输出激活值的偏导数向量。

　　相比单一神经元的情况，这是更复杂的表达式，但仔细看的话，会发现本质上形式还是很相似的，主要区别是包含了更多形如 $(w^j)^{\mathrm{T}}\Sigma'(z^j)$ 的对。而且，矩阵 $\Sigma'(z^j)$ 在对角线上的值很小，不会超过 $1/4$。由于权重矩阵 w^j 不是太大，因此每个额外的项 $(w^j)^{\mathrm{T}}\Sigma'(z^j)$ 会令梯度向量更小，导致梯度消失。更普遍的是，在乘积中大量的项会导致梯度不稳定，类似于前面的例子。在实践中，往往发现 sigmoid 神经网络中前面的层的梯度指数级地消失，所以这些层的学习速度就会变得很慢。这种减速并非偶然现象，也是由所采用的训练方法决定的。

5.4 深度学习的其他障碍

本章着重研究了深度学习的障碍——梯度消失，以及更常见的梯度不稳定。实际上，尽管梯度不稳定是深度学习面临的根本问题，但并非唯一的障碍。当前的研究侧重于更好地理解训练深度神经网络时遇到的挑战，这里不会给出详尽的总结，而会列出一些论文，带你一窥当前的研究方向。

2010 年，Xavier Glorot 和 Yoshua Bengio[1]提出，使用 sigmoid 函数训练深度神经网络会出现问题。他们声称 sigmoid 函数会导致训练早期最终层的激活函数在 0 附近饱和，进而导致学习缓慢。他们也给出了 sigmoid 函数的一些替代选择，以消除饱和对性能的影响。

2013 年，Ilya Sutskever、James Martens、George Dahl 和 Geoffrey Hinton[2]研究了深度学习使用随机权重初始化和基于动量（momentum）的 SGD 方法。在这两种情形下，好的选择能让深度神经网络的训练效果显著不同。

以上例子表明，"什么使得训练深度神经网络非常困难"这个问题相当复杂。本章着重研究了基于梯度的学习算法的不稳定性。结果表明，激活函数的选择、权重的初始化，甚至学习算法的实现方式都是影响因素。当然，神经网络的架构和其他超参数也很重要。因此，有太多因素会影响神经网络的训练难度，理解所有这些因素仍是当前的研究重点。尽管这听起来有点悲观，但第 6 章将介绍的一些方法在一定程度上能解决和规避这些问题。

---

[1] Xavier Glorot, Yoshua Bengio. *Understanding the difficulty of training deep feedforward neural networks*, 2010.

[2] Ilya Sutskever, James Martens, George Dahl, et al. *On the importance of initialization and momentum in deep learning*, 2013.

## 第 6 章

深度学习

第 5 章提到深度神经网络通常比浅层神经网络更难训练，可以想见训练深度神经网络能够获得比浅层神经网络更加强大的能力。然而现实很残酷，第 5 章谈到了很多困扰，但这不能阻止我们继续前行。本章将介绍训练深度神经网络的技术，并在实战中应用它们。本章也会更全面地探讨神经网络，简要介绍近期深度神经网络在图像识别、语音识别和其他应用中的一些研究进展，并简单预测神经网络和人工智能的发展前景。

本章内容较多。为了方便阅读，先概述整体内容设置。本章各节之间关联并不太紧密，如果你掌握基本的神经网络知识，可以选取自己感兴趣的部分阅读。

本章主要介绍一种流行的神经网络——深度卷积神经网络。我们将细致分析一个使用卷积神经网络识别 MNIST 手写数字（如图 6-1 所示）的例子，并给出代码。

图 6-1

我们将首先用浅层神经网络来解决该问题，并通过多次迭代，构建出更强大的神经网络。在此过程中，也会探究一些有效的技术：卷积、池化、使用 GPU 来加速训练、通过算法扩展训练数据（避免过拟合）、Dropout（避免过拟合）、集成网络以及其他技术。最终结果能够接近人类的表现，对于 10 000 幅 MNIST 测试图像（模型在训练中从未接触过的图像），该系统最终能将其中 9967 幅正确分类。错误分类的 33 幅图像见图 6-2。注意，正确分类见右上的标记，系统给出的分类在右下。

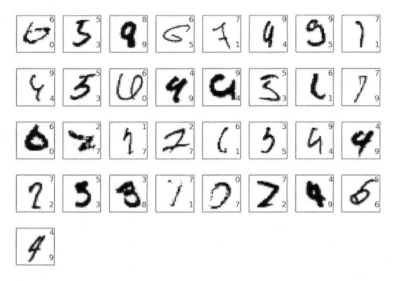

图   6-2

其中的图像即使对于人类来说也难以分辨。例如第一行的第 3 幅图，我感觉它更像是"9"而非"8"，但实际的数字是"8"。神经网络也判定这是"9"，这种"错误"最起码是可以理解的，甚至是值得称赞的。图像识别讨论的最后会总结最近深度卷积神经网络在图像识别上的研究进展。

本章剩余部分将从一个更宽泛和更宏观的角度探讨深度学习，简单介绍神经网络的其他一些模型，例如循环神经网络和长短期记忆单元，以及这些神经网络如何应用于语音识别、自然语言处理和其他领域；最后会简单预测神经网络和深度学习未来的发展方向，涵盖意图驱动的用户界面和深度学习在人工智能领域的作用。本章内容基于前面各章，会用到前面讲过的反向传播、正则化、softmax 函数等技术。然而，阅读本章无须完全掌握前面各章的所有细节。当然，第 1 章关于神经网络的基础是非常有帮助的。本章偶尔会提及第 2 章至第 5 章的概念，需要时可自行回顾。

部分内容本章未有涉及。本章不介绍最新、最强大的神经网络库的用法，也不会训练数十层的神经网络来处理前沿问题，而会讲解深度神经网络背后的核心原理，并利用其解决 MNIST 图像分类问题，助你加深理解。换言之，本章不为展示前沿的神经网络。前面各章也是如此，着重于教授基础知识，以便读者理解深度学习领域当前的研究成果。

6.1   卷积神经网络入门

前面训练的神经网络能够较好地识别手写数字，如图 6-3 所示。

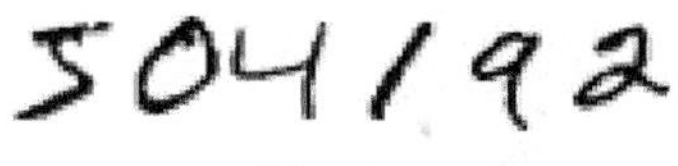

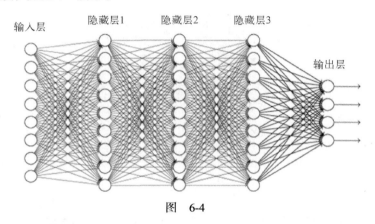

图 6-3

我们使用了相邻层全连接的神经网络来完成这项工作，即神经网络中的神经元与相邻层的每个神经元均有连接，如图 6-4 所示。

图 6-4

对于输入图像中的每个像素点，我们将其亮度作为输入层对应神经元的值。对于 28 像素×28 像素的图像，这意味着有 784（28×28）个输入神经元；然后训练神经网络的权重和偏置，使得神经网络输出能够正确辨认输入图像：0 ~ 9。

之前的神经网络表现得相当好：使用来自 MNIST 手写数字数据集的训练数据和测试数据，分类准确率超过 98%。但仔细推敲的话，使用层全连接的神经网络来分类图像是很奇怪的，原因是这样的神经网络架构不考虑图像的空间结构。例如它同等对待相距很远和彼此接近的输入像素，这样就必须从训练数据中推断空间结构。如果使用一个能利用空间结构的架构，而不是从一个如同"白板"的神经网络架构开始，会怎样呢？下面引入卷积神经网络[①]。这种神经网络使用一种特殊架构，适用于分类图像，能更快地进行训练。因此它有助于训练多层深度神经网络，且非常擅长分类图像。如今深度卷积神经网络及其变体广泛用于图像识别。

卷积神经网络有 3 个基本概念：**局部感受野**、**共享权重**和**池化**。下面依次介绍。

---

① 最初的卷积神经网络要追溯到 20 世纪 70 年代，但现代卷积网络学科的建立始于 1998 年 Yann LeCun、Léon Bottou、Yoshua Bengio 和 Patrick Haffner 发表的论文 *Gradient-based learning applied to document recognition*。后来 LeCun 对卷积网络术语给出了有趣的评论："说卷积网络模型的原型是生物学上的神经系统有点牵强，这正是为什么我把它们称为**卷积网络**而不是**卷积神经网络**，以及为什么称这些节点为**单元**而不是**神经元**。"尽管如此评价，卷积网络采用了许多已有的神经网络思想，例如反向传播、梯度下降、正则化、非线性激活函数，等等，所以本书会遵循惯例，将它们视作一种神经网络。

6

6.1.1   局部感受野

在之前的层全连接的神经网络中，把输入描绘成了纵向排列的神经元，但在卷积神经网络中，把输入看作以 28×28 的方形排列的神经元更合适，其值对应于用作输入的 28×28 的像素亮度，如图 6-5 所示。

输入神经元

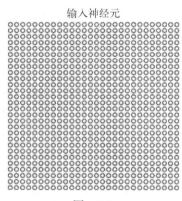

图   6-5

如前所示，把输入像素连接到一个隐藏神经元层，但不会把每个输入像素连接到每个隐藏神经元，而只对输入图像进行小的局部连接。

具体而言，第一个隐藏层中的每个神经元会连接到一个输入神经元的一小块区域，例如一个 5×5 的区域，对应 25 个输入像素。所以对于一个特定的隐藏神经元，连接可能如图 6-6 所示。

输入神经元

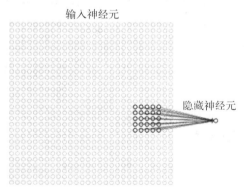

隐藏神经元

图   6-6

输入图像的这个区域称作隐藏神经元的**局部感受野**。它是输入像素上的小窗口，每个连接学习一个权重。隐藏神经元也学习一个总的偏置。可以把这个特定的隐藏神经元看作在学习分析其局部感受野。

　　然后在整个输入图像上移动局部感受野。对于每个局部感受野，第 1 个隐藏层中有一个不同的隐藏神经元。清晰起见，从左上角的一个局部感受野开始，如图 6-7 所示。

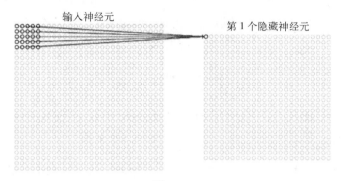

图　6-7

　　然后把局部感受野向右移动 1 像素（一个神经元），连接到第 2 个隐藏神经元，如图 6-8 所示。

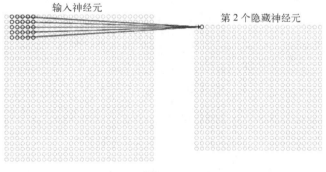

图　6-8

　　如此重复，构建出第一个隐藏层。注意，如果输入图像为 28×28，局部感受野为 5×5，那么隐藏层中就会有 24×24 个神经元。这是因为在抵达右边（或者底部）的输入图像之前，只能把局部感受野横向（或者向下）移动 23 个神经元。

　　前面对局部感受野每次移动 1 像素，实际上有时会使用不同的**跨距**（stride），例如可以把局部感受野向右（或向下）移动 2 像素，这种情况下跨距为 2。本章基本会采用跨距为 1，但也可以试用不同的跨距[①]。

———————————

① 如前所示，如果对尝试不同步长感兴趣，可以使用验证数据来挑选能达到最佳性能的跨距，详细内容参见前面关于如何选择神经网络的超参数的讨论。相同的方法也可以用于选择局部感受野的大小，当然，对于 5×5 的局部感受野没有什么特别的。通常，当输入图像显著大于 28×28 像素的 MNIST 图像时，更大的局部感受野往往是有益的。

6.1.2   共享权重和偏置

前面讲过，每个隐藏神经元具有一个偏置和连接到其局部感受野的 5×5 权重，但没有提及我们打算对 24×24 隐藏神经元中的每一个使用相同的权重和偏置。换言之，对第 j, k 个隐藏神经元，其输出为：

$$\sigma\left(b + \sum_{l=0}^{4} \sum_{m=0}^{4} w_{l,m} a_{j+l, k+m}\right) \tag{125}$$

其中 σ 是神经元的激活函数，可以是前面讲过的 sigmoid 函数，b 是偏置的共享值，$w_{l,m}$ 是一个共享权重的 5×5 数组。最后，用 $a_{x,y}$ 表示位置 x, y 的输入激活值。

这意味着第一个隐藏层的所有神经元检测完全相同的特征[①]，区别是在输入图像的不同位置。要理解其原理，可以把权重和偏置想象成隐藏神经元可以挑选的东西，例如在特定局部感受野的垂直边缘，这种能力对图像的其他位置也是有用的。因此，对图像应用相同的特征检测器是非常有用的。用稍微抽象点的术语来讲，卷积神经网络能很好地适应图像的平移不变性，例如稍稍移动一幅猫的图像，它仍然是一幅猫的图像[②]。

出于这个原因，有时把从输入层到隐藏层的映射称为**特征映射**，把定义特征映射的权重称为**共享权重**，把以这种方式定义特征映射的偏置称为**共享偏置**。共享权重和共享偏置常称作**卷积核**或者**滤波器**。某些文献的表述方式稍微不同，这里不做严格区分，稍后给出一些具体的例子。

目前的神经网络架构只能检测一种局部特征，为了识别出图像，需要更多特征映射，所以一个完整的卷积层由几个不同的特征映射组成，如图 6-9 所示。

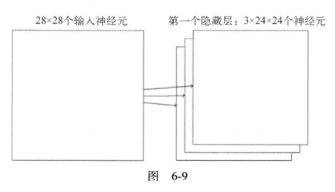

图   6-9

---

① 还没有明确定义特征的概念。非正式地说，可以把隐藏神经元检测到的特征看作能激活神经元的输入模式，例如可能是图像的一条边，或者其他形状。

② 实际上，对于正在研究的 MNIST 数字分类问题，这些图像居于中心，而且尺寸统一，所以 MNIST 比一般的图像有更少的平移不变性，但输入空间中的很多特征仍然可能是有用的，比如边缘和角点。

本例中有 3 个特征映射，每个特征映射定义为一个 5×5 共享权重和单个共享偏置的集合。结果是神经网络能够检测 3 种特征，在整幅图像中每种特征都可检测。

简单起见，图 6-9 只展示了 3 个特征映射，实践中卷积神经网络可能使用很多特征映射。LeNet-5 是一种早期用于识别 MNIST 数字的卷积神经网络，它使用了 6 个特征映射，每个关联到一个 5×5 的局部感受野，所以图 6-9 所示的例子实际上和 LeNet-5 很接近。在稍后的例子中，我们将使用具有 20 个和 40 个特征映射的卷积层。已经学到的一些特征如图 6-10[①]所示。

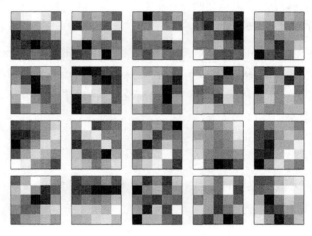

图　6-10

这 20 幅图像对应了 20 个特征映射（或滤波器、卷积核）。每个映射有一个 5×5 的图像表示，对应局部感受野中的 5×5 权重。白色块意味着权重较小（往往为负），所以这样的特征映射对相应的输入像素的响应更少；更暗的块意味着权重更大，所以这样的特征映射对相应的输入像素的响应更多。笼统地说，图 6-10 中的图像显示了卷积层做出响应的特征类型。

从这些特征映射中能得出什么结论呢？显然，这里有意料之外的空间结构：这些特征有清晰的、或亮或暗的子区域，这表示神经网络实际上正在学习和空间结构相关的内容。然而，除此之外，很难说清这些特征检测器在学什么。当然，这里并不是在介绍 Gabor 滤波器，它用于很多传统的图像识别方法。实际上，现在有许多研究成果利用卷积神经网络来更好地理解特征。如果你感兴趣，可以参考 Matthew Zeiler 和 Rob Fergus 于 2013 年发表的论文 *Visualizing and Understanding Convolutional Networks*。

共享权重和偏置有一个很大的优点：大大减少了卷积神经网络所用的参数。对于每个特征映

---

① 图中所示的特征映射来自最后训练的卷积神经网络。

射，需要 25（5×5）个共享权重，加上一个共享偏置，所以每个特征映射需要 26 个参数。如果有 20 个特征映射，那么总共有 20×26 = 520 个参数来定义卷积层。作为对比，假设一个全连接的第一层具有 784（28×28）个输入神经元，和相对适中的 30 个隐藏神经元，正如前面很多例子中使用的。总共 784×30 个权重，加上额外的 30 个偏置，所以共有 23 550 个参数。换言之，这个全连接层的参数比卷积层多约 40 倍。

当然，不能直接比较参数数量，因为这两个模型本质上是不同的，但直观而言，卷积层的平移不变性似乎能减少全连接模型中达到同等性能所需要的参数。这将加速卷积模型训练，进而有助于使用卷积层构建深度神经网络。

顺便提一下，卷积（convolutional）一词源自方程(125)中的卷积（convolution）运算符 ∗。有时人们把这个方程写成 $a^1 = \sigma(b + w * a^0)$，其中 a^1 表示来自一个特征映射的输出激活值集合，a^0 是输入激活值的集合，∗ 表示卷积运算。本书不会涉及太多的卷积数学知识，所以不用太担心，但不妨了解这个名称的由来。

6.1.3　池化层

除了刚刚介绍的卷积层，卷积神经网络也包含池化层。池化层通常跟在卷积层之后使用，用于简化从卷积层输出的信息。

具体而言，池化层获取从卷积层输出的每一个特征映射[①]，并且生成一个个凝缩的特征映射。例如池化层的每个单元可能概括了前一层的一个（比如 2×2）区域。实践中，一个常用的池化程序是**最大池化**（max-pooling）。在最大池化中，一个池化单元简单地输出其 2×2 输入区域的最大激活值，如图 6-11 所示。

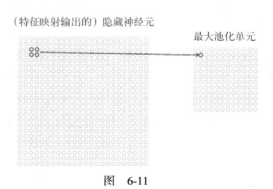

（特征映射输出的）隐藏神经元

最大池化单元

图　6-11

[①] 这里使用的术语并不那么严谨，例如"特征映射"不是指由卷积层计算出来的函数，而是指该层隐藏神经元输出的激活值。这种术语的轻度滥用在研究文献中相当普遍。

注意，既然卷积层有 24×24 个神经元输出，池化后会得到 12×12 个神经元。如前所述，卷积层的特征映射往往不止一个。我们将最大池化分别应用于每一个特征映射。如果有 3 个特征映射，组合在一起的卷积层和最大池化层会如图 6-12 所示。

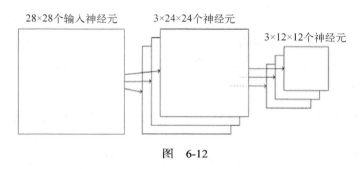

28×28 个输入神经元 3×24×24 个神经元 3×12×12 个神经元

图 6-12

可以把最大池化看作神经网络询问是否在图像区域的某处发现某个特征的一种方式，然后丢弃具体的位置信息。直观而言，一旦发现特征，特征的具体位置便不如它相对于其他特征的大概位置重要。这样有一个很大的好处：可以有很多特征较少地被池化，所以这有助于减少后面的层所需的参数数量。

最大池化并非唯一的池化技术，另一个常用方法是 L2 池化。这里取 2×2 区域中激活值的平方和的平方根，而不是最大激活值。尽管细节不同，但直观上和最大池化很相似：L2 池化是一种把卷积层输出的信息进行凝缩的方式。实践中，两种技术都广泛应用，有时人们也会执行其他池化操作。如果你正在尝试提升性能，可以使用验证数据来比较不同的池化方法，找出效果最好的。这里不会涉及如此精细的优化。

综合运用：下面把上述思想综合起来构建一个完整的卷积神经网络。它和前面的架构相似，但有额外的一层，包含 10 个输出神经元，对应 10 个可能的 MNIST 数字（0 ~ 9），如图 6-13 所示。

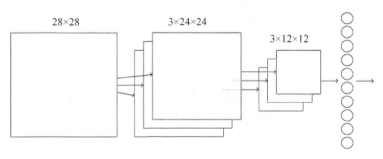

28×28 3×24×24 3×12×12

图 6-13

该神经网络始于 28×28 个输入神经元,这些神经元负责对 MNIST 图像的像素亮度进行编码;随后是卷积层,使用 5×5 局部感受野和 3 个特征映射,卷积层包含 3×24×24 个隐藏特征神经元;接着是最大池化层,应用于 2×2 区域,遍及 3 个特征映射,最大池化层包含 3×12×12 个隐藏特征神经元。

最后连接的层是全连接层,具体而言,该层将最大池化层的每一个神经元连接到每一个输出神经元。该全连接架构和前面使用的相同。简单起见,图 6-13 只使用了单个箭头,而没有显示所有连接,这些连接很容易想象。

该卷积架构和前面使用的架构相当不同,但是总体而言是相似的:神经网络由很多简单的单元构成,这些单元的行为由它们的权重和偏置决定。它们的总体目标是相同的:使用训练数据训练神经网络的权重和偏置,使得神经网络可以正确分类输入数字。

如前所述,我们将用随机梯度下降算法和反向传播算法训练神经网络,处理方式和前面的大体相同。当然,需要对反向传播程序做些修改,原因是之前反向传播的推导是针对层全连接的神经网络,好在针对卷积层和最大池化层的推导也很简单。如果你想掌握细节,请思考下面的问题。注意,解决这个问题可能需要花些时间,除非你理解了前面的反向传播的推导。

问 题

卷积神经网络中的反向传播

在一个具有全连接层的神经网络中,反向传播的核心方程是(BP1)~(BP4),见第 2 章。假设有这样一个神经网络,它有一个卷积层、一个最大池化层和一个全连接的输出层,如前所述,如何修改反向传播的方程呢?

6.2　卷积神经网络的实际应用

前面介绍了卷积神经网络背后的核心思想,下面实现一些卷积神经网络,并将其用于 MNIST 手写数字分类问题,来看看它们如何在实践中工作。我们将使用 network3.py 程序,它是前面开发的 network.py 和 network2.py 的强化版本[①]。注意,稍后将讲解 network3.py 的代码,接下来先把 network3.py 用作库来构建卷积神经网络。

---

① 注意,network3.py 包含了源自 Theano 库文档中关于卷积神经网络(尤其是 LeNet-5 的实现)的想法、Misha Denil 对 Dropout 的实现,以及 Chris Olah 提出的概念。

程序 network.py 和 network2.py 是用 Python 和矩阵库 NumPy 实现的。关于这些程序，前面已经介绍了其理论基础，以及反向传播算法和随机梯度下降算法等细节。对于 network3.py，我们会使用机器学习库 Theano[①]，用它实现针对卷积神经网络的反向传播，因为它会自动计算相关映射。Theano 也比前面的代码运行更快（那些代码仅为理解方便，未考虑运行速度），这使其可实际用于训练更复杂的神经网络。此外，Theano 的一个非常好的特性是它能在 CPU 甚至 GPU 上运行。在 GPU 上运行能显著提速，并且有助于训练更复杂的神经网络。

跟随本书进行实践的话，需要在你的系统上运行 Theano，请按照项目主页上的说明来安装 Theano。接下来的例子要用到 Theano 0.6[②]，有些能在无 GPU 支持的 macOS X Yosemite 上运行，有些能在有 NVIDIA GPU 支持的 Ubuntu 14.04 上运行，有些在两个系统中都能运行。为了运行 network3.py，需要把 network3.py 源码中的 GPU 标志设置为 True 或者 False。此外，为了在 GPU 上运行 Theano，可能需要阅读相关指南。网上也有教程，可自行搜索。如果你的系统没有可用的 GPU，可以考虑 Amazon Web Services EC2 G2 实例。注意，即使有 GPU 支持，代码也仍然需要一些时间来执行。许多试验用时从几分钟到几小时不等，在 CPU 上进行某些复杂的试验可能需要花费数天。如前所述，建议让程序运行着，同时继续阅读，偶尔检查一下代码输出。如果你用的是 CPU，进行复杂的试验可能需要减少训练轮数，或者干脆不尝试。

为了确立一条基线，我们将从一个浅层架构开始，它仅仅使用一个隐藏层，包含 100 个隐藏神经元。我们会训练 60 轮，学习率采用 $\eta = 0.1$，小批量的大小为 10，没有正则化。代码如下所示：

```
>>> import network3
>>> from network3 import Network
>>> from network3 import ConvPoolLayer, FullyConnectedLayer, SoftmaxLayer
>>> training_data, validation_data, test_data = network3.load_data_shared()
>>> mini_batch_size = 10
>>> net = Network([
        FullyConnectedLayer(n_in=784, n_out=100),
        SoftmaxLayer(n_in=100, n_out=10)], mini_batch_size)
>>> net.SGD(training_data, 60, mini_batch_size, 0.1,
        validation_data, test_data)
```

分类准确率达到了 97.80%，目前最佳。这是在 test_data 上的分类准确率，在 validation_data 上评估达到了最高的分类准确率。使用验证数据来决定何时评估测试准确率以避免测试数据过拟

[①] 可参考论文 *Theano: A CPU and GPU Math Expression Compiler in Python*，由 James Bergstra、Olivier Breuleux、Frederic Bastien 等人于 2010 年发表。Theano 也是流行的神经网络库 Pylearn2 和 Keras 的基础。写作本章时其他流行的神经网络库有 Caffe 和 Torch。

[②] 写作本章时，Theano 的版本升级到了 0.7。我在 Theano 0.7 中运行过这些例子，结果和文中的非常相似。

6

合。由于神经网络的权重和偏置是随机初始化的，因此你的结果可能与之稍有不同[①]。

这个 97.80%的准确率接近第 3 章中取得的 98.04%，当时使用了相似的神经网络架构和学习超参数。两个例子都使用了浅层神经网络，具有包含 100 个隐藏神经元的单个隐藏层。二者都训练了 60 轮，小批量大小为 10，学习率 $\eta = 0.1$。

然而，之前的神经网络有两处不同。首先，之前的神经网络通过正则化来降低过拟合的影响。正则化当前的神经网络确实可以提高准确率，但收效甚微，因此稍后再考虑正则化。其次，之前的神经网络在最终层使用了 sigmoid 激活函数和交叉熵代价函数，当前神经网络的最终层使用了 softmax 函数以及对数似然代价函数。正如第 3 章中解释的，这不是大的改变。这么做没有什么特别深刻的原因，主要是因为 softmax 函数和对数似然代价函数在现代图像分类神经网络中很常用。

使用更深的神经网络架构，效果会更好吗？

首先在神经网络起始位置的右边插入一个卷积层。我们将使用 5×5 局部感受野，跨距为 1，20 个特征映射，还会插入一个最大池化层，它用 2×2 的池化窗口来合并特征。因此神经网络架构整体看起来很像前面讨论的架构，但是有一个额外的全连接层，如图 6-14 所示。

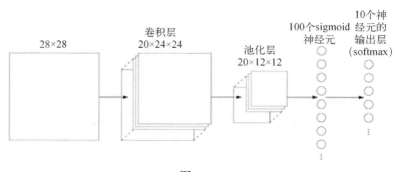

图　6-14

在这个架构中，可以把卷积层和池化层看作在学习输入训练图像中的局部感受野，而后面的全连接层在更抽象的层次上进行学习，从整个图像整合全局信息，这是一种常见的卷积神经网络模型。

下面训练一个这样的神经网络，看看它表现如何[②]。

---

① 实际上，试验中对这个架构的神经网络执行了 3 次训练，并记录了 3 次运行中最高验证准确率对应的测试准确率。多次运行有助于减少结果中的变动，这在比较多个架构时很有用。除非明确指出，否则下面继续使用该程序。在实践中，所得结果不会因此产生什么区别。

② 这里继续使用一个大小为 10 的小批量。如前所述，使用更大的小批量可以提高训练速度。继续使用相同的小批量旨在和之前的试验保持一致。

```
>>> net = Network([
        ConvPoolLayer(image_shape=(mini_batch_size, 1, 28, 28),
                      filter_shape=(20, 1, 5, 5),
                      poolsize=(2, 2)),
        FullyConnectedLayer(n_in=20*12*12, n_out=100),
        SoftmaxLayer(n_in=100, n_out=10)], mini_batch_size)
>>> net.SGD(training_data, 60, mini_batch_size, 0.1,
            validation_data, test_data)
```

准确率达到了 **98.78%**，这是相当大的提升，超过了前面那些架构。实际上，错误率降低了超过 1/3，这是很大的进步。

在设定神经网络架构时，我把卷积-池化层视作单个层。不管把它们视为分开的层还是单个层，都只是个人偏好和习惯。network3.py 视它们为单个层，因为这样使得代码更紧凑。当然，需要的话，可以简单修改 network3.py，以便单独指定这些层。

练　习

如果删除了全连接层，只使用卷积-池化层和 softmax 层，分类准确率会如何？加入全连接层有帮助吗？

98.78% 的分类准确率还有提升空间吗？

下面尝试插入第 2 个卷积-池化层，把它插在已有的卷积-池化层和全连接隐藏层之间。再次使用 5×5 局部感受野，池化 2×2 的区域。看看用与之前相似的超参数训练会发生什么。

```
>>> net = Network([
        ConvPoolLayer(image_shape=(mini_batch_size, 1, 28, 28),
                      filter_shape=(20, 1, 5, 5),
                      poolsize=(2, 2)),
        ConvPoolLayer(image_shape=(mini_batch_size, 20, 12, 12),
                      filter_shape=(40, 20, 5, 5),
                      poolsize=(2, 2)),
        FullyConnectedLayer(n_in=40*4*4, n_out=100),
        SoftmaxLayer(n_in=100, n_out=10)], mini_batch_size)
>>> net.SGD(training_data, 60, mini_batch_size, 0.1,
            validation_data, test_data)
```

又实现了提升：分类准确率达到了 **99.06%**。

其中存在两个问题。第一个问题是，应用第 2 个卷积-池化层意味着什么？实际上，可以认为第 2 个卷积-池化层输入 12×12 幅"图像"，其"像素"代表原始输入图像中特定的局部特征是

6

否存在，所以可以认为这一层输入原始输入图像的一个版本。这个版本是经过抽象和凝缩过的，但仍有大量空间结构，所以使用第 2 个卷积-池化层是有意义的。

这个说法颇具说服力，但是引出了第 2 个问题。前面层的输出涉及 20 个独立的特征映射，所以第 2 个卷积-池化层有 20×12×12 个输入，就好像有 20 幅单独的图像输入到卷积-池化层，而不是第一个卷积-池化层情况下的单幅图像。第 2 个卷积-池化层中的神经元应该如何响应这些输入图像呢？实际上，我们将允许这一层中的每个神经元学习其局部感受野中的所有（20×5×5 个）输入神经元。非正式地说，第 2 个卷积-池化层中的特征检测器可以访问前面层的所有特征，但仅限于其特定的局部感受野[①]。

问　　题

使用 tanh 激活函数

前面多次提到，tanh 函数是比 sigmoid 函数更好的激活函数，但还没有实践过，因为 sigmoid 的表现很不错。下面用 tanh 作为激活函数进行试验，尝试训练卷积层和全连接层中具有 tanh 激活值的神经网络[②]。开始时使用 sigmoid 神经网络中使用的超参数，但是训练 20 轮，而不是 60 轮，神经网络表现得怎么样？如果继续训练到 60 轮会怎样？试着将 tanh 神经网络和 sigmoid 神经网络每轮的验证准确率都绘制出来。如果你的结果和我的相似，你会发现 tanh 神经网络训练得稍快些，但最终的准确率非常相近。为什么 tanh 神经网络可以训练更快？你能否用 sigmoid 达到相似的训练速度，也许通过改变学习率，或者做些调整[③]？试着通过五六次迭代来学习超参数和神经网络架构，寻找 tanh 优于 sigmoid 的方面。注意：这是一个开放式问题，我个人没有找到切换为 tanh 的太多优势，不过我没有全面地做过试验，也许你会找到一个方法。下面将介绍切换到修正线性激活函数的一个优势，所以我们不会深入使用 tanh 函数。

6.2.1　使用修正线性单元

至此，我们开发的神经网络实际上是 1998 年发表的一篇开创性论文[④]中介绍的其中一种神经网络（LeNet-5）的变体，并引入了 MNIST 图像分类问题。这为进一步试验以增强理解与直观感受打下了很好的基础。有多种方式可用于修改神经网络并改善结果。

---

① 如果输入图像是彩色的，这个问题会在第一层中出现。在这种情况下，每个像素点会有 3 个输入特征，对应输入图像中的红色通道、绿色通道和蓝色通道。因此，我们将允许特征检测器访问所有颜色信息，但限于给定的局部感受野。

② 注意，可以将 `activation_fn=tanh` 作为参数传递给 ConvPoolLayer 类和 FullyConnectedLayer 类。

③ 可以回顾 $\sigma(z) = (1 + \tanh(z/2))/2$ 找寻灵感。

④ *Gradient-based learning applied to document recognition*，作者是 Yann LeCun、Léon Bottou、Yoshua Bengio 等人。尽管细节上有很多不同，但我们的神经网络和论文中描述的神经网络非常相似。

首先改变神经元，使用修正线性单元而不是 sigmoid 激活函数。具体而言，我们将使用激活函数 $f(z) \equiv \max(0, z)$，训练 60 轮，设置学习率 $\eta = 0.03$。此外，L2 正则化也有帮助，使用正则化参数 $\lambda = 0.1$：

```
>>> from network3 import ReLU
>>> net = Network([
        ConvPoolLayer(image_shape=(mini_batch_size, 1, 28, 28),
                        filter_shape=(20, 1, 5, 5),
                        poolsize=(2, 2),
                        activation_fn=ReLU),
        ConvPoolLayer(image_shape=(mini_batch_size, 20, 12, 12),
                        filter_shape=(40, 20, 5, 5),
                        poolsize=(2, 2),
                        activation_fn=ReLU),
        FullyConnectedLayer(n_in=40*4*4, n_out=100, activation_fn=ReLU),
        SoftmaxLayer(n_in=100, n_out=10)], mini_batch_size)
>>> net.SGD(training_data, 60, mini_batch_size, 0.03,
            validation_data, test_data, lmbda=0.1)
```

分类准确率达到了 99.23%，稍好于使用 sigmoid 的结果（99.06%）。然而，在我所有的试验中，基于修正线性单元的神经网络的性能始终优于基于 sigmoid 激活函数的神经网络。似乎对于这个问题，切换到修正线性单元确实有帮助。

修正线性激活函数好于 sigmoid 激活函数和 tanh 激活函数的原因是什么？目前对此还没有很好的解释。实际上，修正线性单元近几年才流行起来，原因是一些人基于经验、直觉或者启发式的理由尝试使用修正线性单元[1]，在分类基准数据集上取得了很好的结果，随后这些实践传播开了。理想中，有理论能指导我们为不同的应用选择适合的激活函数，但目前距此还很遥远。对于选择更好的激活函数实现重大提升，我丝毫不会感到惊讶，我还期待未来的几十年里，更有力的激活函数理论将被提出来。目前，我们仍然只能依靠薄弱的经验。

6.2.2　扩展训练数据

另一种可能改进结果的方法是通过算法扩展训练数据。扩展训练数据的一个简单方法是对训练图像（向上、向下、向左、向右）置换一个像素位置，这可以通过在命令提示符中运行程序 expand_mnist.py[2]来实现：

```
$ python expand_mnist.py
```

---

[1] 一般的理由是 $\max(0, z)$ 在 z 取极大值时不会饱和，不像 sigmoid 神经元，而这有助于修正线性单元持续学习。到目前为止，这一辩解还不错，但理由不够详细，相当于"情况就是如此"。注意第 2 章中讨论过的饱和问题。
[2] 见随书代码。

运行该程序获取 50 000 幅 MNIST 训练图像并将其扩展为具有 250 000 幅训练图像的训练集，然后可以使用这些图像来训练神经网络。我们将使用和前面相似的具有修正线性单元的神经网络。在初始的试验中，我减少了训练轮数——这讲得通，因为训练数据是之前的 5 倍。实际上，扩展数据能显著减轻过拟合的影响。因此，在做了一些试验后，最终回到训练 60 轮。训练如下所示：

```
>>> expanded_training_data, _, _ = network3.load_data_shared(
        "../data/mnist_expanded.pkl.gz")
>>> net = Network([
        ConvPoolLayer(image_shape=(mini_batch_size, 1, 28, 28),
                      filter_shape=(20, 1, 5, 5),
                      poolsize=(2, 2),
                      activation_fn=ReLU),
        ConvPoolLayer(image_shape=(mini_batch_size, 20, 12, 12),
                      filter_shape=(40, 20, 5, 5),
                      poolsize=(2, 2),
                      activation_fn=ReLU),
        FullyConnectedLayer(n_in=40*4*4, n_out=100, activation_fn=ReLU),
        SoftmaxLayer(n_in=100, n_out=10)], mini_batch_size)
>>> net.SGD(expanded_training_data, 60, mini_batch_size, 0.03,
        validation_data, test_data, lmbda=0.1)
```

使用扩展后的训练数据，训练准确率达到了 99.37%，可见这个微不足道的改变明显提高了分类准确率。实际上，如前所述，这种通过算法扩展数据的想法可以更进一步。早期的一些相关结果有：2003 年，Patrice Simard、Dave Steinkraus 和 John Platt[1]使用一个神经网络提升了对 MNIST 图像分类问题的表现，准确率达到了 99.60%。该神经网络和我们的神经网络非常相似，使用两个卷积-池化层，跟了一个具有 100 个隐藏神经元的全连接层。他们的架构在细节上有一些不同，例如他们没有使用修正线性单元，而主要通过扩展训练数据来提升性能。他们通过对 MNIST 训练图像进行旋转、位移和扭曲来扩展数据，还设计了一个"弹性扭曲"流程，以此模拟人写字时手部肌肉的随机抖动。通过组合这些流程显著扩大了训练数据的有效规模，这就是准确率达到 99.60% 的原因。

问　题

卷积层的思想是跨图像而行为不变。想法很惊人，然而，当完成所有输入数据的转换后，神经网络能学习到更多。你能否解释为什么这实际上很合理？

---

[1] Patrice Simard, Dave Steinkraus, John Platt. *Best Practices for Convolutional Neural Networks Applied to Visual Document Analysis*, 2003.

6.2.3 插入额外的全连接层

还能做得更好吗？一种可能性是使用和前面完全相同的程序，但是扩大全连接层的规模。我试过 300 个和 1000 个神经元，结果分别为 99.46%和 99.43%。这很不错，但对比前面的结果（99.37%），还算不上明显超越。

增加一个额外的全连接层会怎样？下面尝试插入一个全连接层，这样就有两个包含 100 个隐藏神经元的全连接层了。

```
>>> net = Network([
        ConvPoolLayer(image_shape=(mini_batch_size, 1, 28, 28),
                      filter_shape=(20, 1, 5, 5),
                      poolsize=(2, 2),
                      activation_fn=ReLU),
        ConvPoolLayer(image_shape=(mini_batch_size, 20, 12, 12),
                      filter_shape=(40, 20, 5, 5),
                      poolsize=(2, 2),
                      activation_fn=ReLU),
        FullyConnectedLayer(n_in=40*4*4, n_out=100, activation_fn=ReLU),
        FullyConnectedLayer(n_in=100, n_out=100, activation_fn=ReLU),
        SoftmaxLayer(n_in=100, n_out=10)], mini_batch_size)
>>> net.SGD(expanded_training_data, 60, mini_batch_size, 0.03,
        validation_data, test_data, lmbda=0.1)
```

测试准确率达到了 99.43%，这种扩展仍没有明显起效。用包含 300 个和 1000 个隐藏神经元的全连接层运行类似的试验，结果分别是 99.48%和 99.47%。结果令人鼓舞，但仍不是重大的胜利。

这里发生了什么？扩展的或者额外的全连接层真的对 MNIST 图像分类问题没有帮助吗？或者说，神经网络能做得更好，但在以错误的方式学习？也许我们可以用更强大的正则化技术来抑制过拟合的趋势。一种可能性是第 3 章介绍的 Dropout 技术，其基本思想是在训练神经网络时随机移除单独的激活值，这使得模型更容易忽略个别现象，因此不太可能依赖训练数据的个别特征。下面尝试对最终的全连接层应用 Dropout。

```
>>> net = Network([
        ConvPoolLayer(image_shape=(mini_batch_size, 1, 28, 28),
                      filter_shape=(20, 1, 5, 5),
                      poolsize=(2, 2),
                      activation_fn=ReLU),
        ConvPoolLayer(image_shape=(mini_batch_size, 20, 12, 12),
                      filter_shape=(40, 20, 5, 5),
                      poolsize=(2, 2),
```

6

```
                    activation_fn=ReLU),
            FullyConnectedLayer(
                n_in=40*4*4, n_out=1000, activation_fn=ReLU, p_dropout=0.5),
            FullyConnectedLayer(
                n_in=1000, n_out=1000, activation_fn=ReLU, p_dropout=0.5),
            SoftmaxLayer(n_in=1000, n_out=10, p_dropout=0.5)],
            mini_batch_size)
>>> net.SGD(expanded_training_data, 40, mini_batch_size, 0.03,
            validation_data, test_data)
```

使用它，准确率达到了 99.60%，显著超越了前面的尝试，尤其是我们的主要基准——具有 100 个隐藏神经元的神经网络，其结果为 99.37%。

有两处变化值得注意。

首先，训练轮数减少到了 40：Dropout 减轻了过拟合，所以神经网络学习得更快。

其次，全连接隐藏层有 1000 个神经元，不是之前的 100 个。当然，在训练时使用 Dropout 有效地忽略了很多神经元，所以需要一些扩充。实际上，我进行过用 300 个和 1000 个隐藏神经元的试验，用 1000 个隐藏神经元时验证准确率略微有提高。

6.2.4　集成神经网络

进一步提高性能的一个简单方法是创建几个神经网络，然后让它们投票决定最好的分类。假设使用上述方式训练了 5 个神经网络，每个的准确率接近 99.60%。也许这些神经网络的准确率相近，但很可能由于不同的随机初始化出现不同的错误。在这 5 个神经网络中进行一次投票来选取一个优于单个神经网络的分类，似乎是合理的。

这种方法好得似乎不真切，但集成是神经网络和其他机器学习技术的惯用技巧。它确实能进一步改进结果：最终的准确率达到了 99.67%。换言之，对于 10 000 幅测试图像，未正确分类的仅有 33 幅。

剩余的测试集中的错误如图 6-15 所示。右上角的标签是对 MNIST 数据的正确分类，而右下角的标签是集成神经网络的输出。

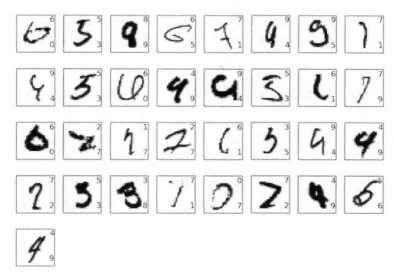

图 6-15

这些图像值得仔细研究。开头两个数字,一个"6"和一个"5",是集成神经网络模型犯的实在错误,然而也可以理解,因为人类也会犯。那个"6"确实看上去更像"0",而那个"5"看上去更像"3"。第3幅图像,据称是一个"8",在我看来更像"9"。所以这里我支持集成神经网络,我认为它比最初书写这些数字的人做得更好。不过,第4幅图像中的那个"6"看上去确实是神经网络分类错了。

在大多数情况下,神经网络的选择看上去是合理的,而在某些情况下,比最初写这些数字的人做得更好。总体而言,神经网络的性能卓越,特别是它们正确分类了 9967 幅图像,这里没有全部展示。相较而言,几处明显的错误似乎是可以理解的,甚至细心的人偶尔也会犯错,只有非常细心和有条理的人才能做得更好,而我们的神经网络正在接近人类的水平。

- **为什么只对全连接层应用 Dropout**

如果仔细看上面的代码,就会发现只有神经网络的全连接层应用了 Dropout,而卷积层没有。原则上可以对卷积层应用类似的程序,但实际上没有必要:卷积层先天对过拟合有很强的抵抗力,原因是共享权重意味着强制卷积滤波器从整个图像中学习,这使得它们不太可能选择训练数据中的局部特征,因此不太需要应用其他正则化技术,例如 Dropout。

- **更进一步**

对于 MNIST 图像分类问题,仍有可能改进分类结果。Rodrigo Benenson 制作了一个信息汇总

6

页面[1]，展示了这几年的进展，并提供了论文的链接。其中许多论文探讨了深度卷积神经网络，与前面介绍的神经网络相似。如果深入挖掘这些论文，你会发现许多有趣的技术，也可以进行尝试。对于此，明智的做法是从简单的能快速训练的神经网络开始，这将有助于你更快地了解所发生的事。

这里不会谈及近期研究成果的大部分内容，但 2010 年 Dan Claudiu Cireşan、Ueli Meier、Luca Maria Gambardella 和 Jürgen Schmidhuber 发表的一篇论文[2]值得一提。我喜欢这篇论文，因为它非常简单，所述网络是一个多层神经网络，仅使用全连接层（没有卷积层），隐藏层分别包含 2500、2000、1500、1000 和 500 个神经元。他们采用和 Simard 等人相似的想法来扩展训练数据。除此之外，再无其他技巧，所以这是一个非常简单的神经网络。这样的神经网络，如果在 20 世纪 80 年代有足够的耐心进行训练（如果当时已有 MNIST 数据集），假设那时有足够的计算能力，分类准确率能达到 99.65%，和我们的结果非常相近。其关键是使用一个非常大、非常深的神经网络，并且使用一个 GPU 来加速训练。他们训练了很多轮，并通过长时间训练来逐渐将学习率从 10^{-3} 减小到 10^{-6}。如有兴趣，可以尝试用相似的架构来验证他们的结果。

● **为什么能够训练**

第 5 章介绍了多层深度神经网络中的基本障碍，其中梯度往往很不稳定：当从输出层移动到前面的层时，梯度趋于消失（梯度消失问题）或爆炸（梯度爆炸问题）。因为梯度是训练所用的信号，所以会出现问题。

那么如何避免这些问题呢？

当然不能回避这些问题，而是采取措施，继续前进。其中的措施包括：(1) 使用卷积层极大地减少这些层中参数的数量，简化学习问题；(2) 使用更多强大的正则化技术（尤其是 Dropout 和卷积层）来减轻过拟合，否则在更复杂的神经网络中会更成问题；(3) 使用修正线性单元而不是 sigmoid 神经元来加速训练，根据经验，通常是 3 ~ 5 倍；(4) 使用 GPU 并长时间训练。最后的试验训练了 40 轮，使用的数据集是原始 MNIST 训练数据的 5 倍。前面主要用原始训练数据训练 30 轮。结合(3)和(4)，似乎训练时长是之前的 30 倍左右。

你的反应可能是："什么，为了训练深度神经网络要做这些事情？为什么要小题大做？"

当然，我们也使用了其他策略：采用大的数据集（为了避免过拟合）；使用正确的代价函数（为了避免学习减速）；使用好的权重初始化（也是为了避免因为神经元饱和引起的学习减速）；

---

[1] 请搜索 "What is the class of this image"。

[2] Dan Claudiu Cireşan, Ueli Meier, Luca Maria Gambardella, et al. *Deep, Big, Simple Neural Nets Excel on Handwritten Digit Recognition*, 2010.

通过算法扩展训练数据。前面讨论过这些方法，本章大都适用，而且不需要太多注释。

由此可见，这些真的是相当简单的策略，在组合使用时却功能强大。入门深度学习变得非常容易！

● **这些神经网络有多深**

若把卷积–池化层算作一层，那最终的架构有 4 个隐藏层。这样的网络能算是深度神经网络吗？当然，4 个隐藏层远远超过了前面介绍的浅层神经网络，那些神经网络大都只有 1 个隐藏层，偶尔有 2 个隐藏层。另外，2015 年，使用先进技术的深度神经网络可能有几十个隐藏层。我偶尔听到有人持"追求更深"的态度，认为如果没有在隐藏层数目方面与人攀比，就称不上是在研究深度学习。我不赞同这种看法，部分原因是它使得深度学习的定义流于结果了。在深度学习中，实际的突破是发现超越浅层神经网络是切实可行的，拥有一两个隐藏层的浅层神经网络直到 2005 年左右仍主导着这一领域。这确实是重大的突破，它开启了更多对有特殊意义的模型的探索。但除此之外，层的数目并不是关键所在。具体而言，使用深度神经网络旨在实现其他目标，例如更高的分类准确率。

● **关于这一流程的评述**

前面从单个隐藏层的浅层神经网络成功转换到了多层卷积神经网络，这一切似乎很容易，我们做了修改，并在大多数情况下实现了提升。如果你开始尝试，会发现事情不会总是那么顺利。原因是前面的叙述去除了一些细节，省略了许多试验，包括许多失败的试验，旨在呈现基本思想，其缺点是讨论不够完整。训练得到一个好的、有效的深度神经网络会涉及大量试错，经常会遇到挫折，在实践中往往需要进行相当多的试验。为了加快这一进程，第 3 章关于如何选择神经网络的超参数的讨论以及扩展阅读的建议会有所帮助。

6.3 卷积神经网络的代码

下面看看卷积神经网络 network3.py 的代码。整体而言，程序结构类似于 network2.py，不过细节上有差异，因为使用了 Theano。首先看看 FullyConnectedLayer 类，这类似于之前讨论的那些神经网络层。代码①如下所示：

① 一些读者注意到这段代码的初始化 self.w 一行使用了 scale=np.sqrt(1.0/n_out)，而第 3 章给出了更好的初始化建议：scale=np.sqrt(1.0/n_in)。这是一个问题，理应修正代码，但因为后来我转向了其他项目，且该问题影响不大，所以就维持原样了。
译者附注：这里其实存在 3 种选择：(1) 模式 1 常称为 fan_in，n 取输入层的神经元数目；(2) 模式 2 常称为 fan_out，n 取输出层的神经元数目；(3) 模式 3 常称为 fan_avg，n 取输入层和输出层神经元数目的平均值。

```python
class FullyConnectedLayer(object):

    def __init__(self, n_in, n_out, activation_fn=sigmoid, p_dropout=0.0):
        self.n_in = n_in
        self.n_out = n_out
        self.activation_fn = activation_fn
        self.p_dropout = p_dropout
        # 初始化权重和偏置
        self.w = theano.shared(
            np.asarray(
                np.random.normal(
                    loc=0.0, scale=np.sqrt(1.0/n_out), size=(n_in, n_out)),
                dtype=theano.config.floatX),
            name='w', borrow=True)
        self.b = theano.shared(
            np.asarray(np.random.normal(loc=0.0, scale=1.0, size=(n_out,)),
                       dtype=theano.config.floatX),
            name='b', borrow=True)
        self.params = [self.w, self.b]

    def set_inpt(self, inpt, inpt_dropout, mini_batch_size):
        self.inpt = inpt.reshape((mini_batch_size, self.n_in))
        self.output = self.activation_fn(
            (1-self.p_dropout)*T.dot(self.inpt, self.w) + self.b)
        self.y_out = T.argmax(self.output, axis=1)
        self.inpt_dropout = dropout_layer(
            inpt_dropout.reshape((mini_batch_size, self.n_in)), self.p_dropout)
        self.output_dropout = self.activation_fn(
            T.dot(self.inpt_dropout, self.w) + self.b)

    def accuracy(self, y):
        "Return the accuracy for the mini-batch."
        return T.mean(T.eq(y, self.y_out))
```

　　__init__ 方法中的大部分内容简单易懂，这里稍作解释。我们根据高斯分布随机初始化了权重和偏置，代码中对应这个操作的一行可能看起来很复杂，但其实只是把权重和偏置加载到了 Theano 中所谓的共享变量中，以确保可以在 GPU 中处理这些变量。对此不做更深的解释，如果感兴趣，可以查看 Theano 文档。这种初始化方法也是专为 sigmoid 激活函数设计的。理想情况下，初始化权重和偏置时会根据不同的激活函数进行调整，比如 tanh 函数和修正线性函数，稍后的问题中会对此进行讨论。初始化方法 __init__ 以 self.params = [self.w, self.b]结束，这样就将该层所有需要学习的参数都归到一起了。后面，Network.SGD 方法会通过 params 属性来确定神经网络实例中什么变量能够学习。

set_inpt 方法用于设置该层的输入，并计算相应的输出。之所以使用 inpt 而非 input，是因为在 **Python** 中 input 是一个内置函数。如果将两者混淆，必然会导致不可预测的行为和难以诊断的问题。注意，实际上我们用两种方式设置输入：self.inpt 和 self.inpt_dropout。在训练时可能要使用 Dropout，在这种情况下，就需要设置对应丢弃的概率 self.p_dropout。这就是 set_inpt 方法的 dropout_layer 的行为。因此 self.inpt_dropout 和 self.output_dropout 在训练中使用，而 self.inpt 和 self.output 用于其他任务，比如评估验证集和测试集上模型的准确率。

ConvPoolLayer 类和 SoftmaxLayer 类的定义与 FullyConnectedLayer 的定义差不多，因此下面不再给出代码。如果你感兴趣，可以参考稍后给出的 network3.py 的代码。

尽管如此，还是要指出一些重要的细微差别。较为明显的是，在 ConvPoolLayer 和 SoftmaxLayer 中，我们相应地采用了合适的输出激活值计算方式，而 **Theano** 内置的操作能计算卷积、最大池化和 softmax 函数。

有的不大明显，在引入 softmax 层时，我们没有讨论如何初始化权重和偏置。前面讨论过对 sigmoid 层应当使用恰当的参数化的高斯分布来初始化权重，但是这个启发式的论断是针对 sigmoid 神经元的(做一些调整可以用于 tanh 神经元)，并没有特殊原因说该论断对 softmax 层也适用，也就没有先验理由应用这样的初始化。与其使用之前的方法进行初始化，不如在这里将所有权重值和偏置设为 0。这是一个权宜之计，但在实践中效果不错。

好了，关于层的所有类已经介绍完毕。那么 Network 类是怎样的呢？下面看看 __init__ 方法：

```python
class Network(object):

    def __init__(self, layers, mini_batch_size):
        """接收列表 layers，它描述了网络架构和训练时用于进行随机梯度下降的值 mini_batch_size。"""
        self.layers = layers
        self.mini_batch_size = mini_batch_size
        self.params = [param for layer in self.layers for param in layer.params]
        self.x = T.matrix("x")
        self.y = T.ivector("y")
        init_layer = self.layers[0]
        init_layer.set_inpt(self.x, self.x, self.mini_batch_size)
        for j in xrange(1, len(self.layers)):
            prev_layer, layer  = self.layers[j-1], self.layers[j]
            layer.set_inpt(
                prev_layer.output, prev_layer.output_dropout, self.mini_batch_size)
        self.output = self.layers[-1].output
        self.output_dropout = self.layers[-1].output_dropout
```

6

这段代码整体比较简单。self.params = [param for layer in ...]此行代码把每层的参数绑定到一个列表中。Network.SGD 方法会使用 self.params 来确定 Network 中哪些变量能够学习。而 self.x = T.matrix("x")和 self.y = T.ivector("y")定义了 Theano 符号变量 x 和 y，用于分别表示神经网络的输入和目标输出。

这里不讲解 Theano 的用法，所以不会深入讨论这些变量的含义。笼统地说，它们代表了数学变量，而非显式的值。可以对这些变量执行常规操作：加减乘除、应用函数等。实际上，Theano 提供了很多对符号变量进行操作的方法，比如卷积、最大池化等，但更重要的是能够使用反向传播算法的一种通用形式进行快速符号微分运算。这在对若干神经网络架构的变体应用随机梯度下降算法方面特别有效。接下来的几行代码定义了神经网络的符号输出。我们通过下面这行代码设置初始层的输入：

```
init_layer.set_inpt(self.x, self.x, self.mini_batch_size)
```

请注意，输入是以每次一个小批量的方式进行的，这就是指定小批量大小的原因。还需要注意，输入 self.x 传递了两次，这是因为可能会以两种方式（有无 Dropout）使用神经网络。for 循环将符号变量 self.x 通过 Network 的层进行前向传播，这样可以定义最终的输出 output 和 output_dropout 的属性，这些都是 Network 输出的符号表示。

了解了 Network 是如何初始化的，下面看看它如何使用 SGD 方法进行训练。代码看起来很长，其实结构相当简单，后面会解释。

```
def SGD(self, training_data, epochs, mini_batch_size, eta,
        validation_data, test_data, lmbda=0.0):
    """使用小批量随机梯度下降算法训练神经网络。"""
    training_x, training_y = training_data
    validation_x, validation_y = validation_data
    test_x, test_y = test_data

    # 计算训练集、验证集和测试集的小批量数量
    num_training_batches = size(training_data)/mini_batch_size
    num_validation_batches = size(validation_data)/mini_batch_size
    num_test_batches = size(test_data)/mini_batch_size

    # 定义（正则化的）代价函数、符号梯度和更新
    l2_norm_squared = sum([(layer.w**2).sum() for layer in self.layers])
    cost = self.layers[-1].cost(self)+\
           0.5*lmbda*l2_norm_squared/num_training_batches
    grads = T.grad(cost, self.params)
    updates = [(param, param-eta*grad)
               for param, grad in zip(self.params, grads)]
```

```
# 定义函数来训练小批量, 并计算在验证集和测试集的小批量上的准确率
i = T.lscalar() # mini-batch 索引
train_mb = theano.function(
    [i], cost, updates=updates,
    givens={
        self.x:
        training_x[i*self.mini_batch_size: (i+1)*self.mini_batch_size],
        self.y:
        training_y[i*self.mini_batch_size: (i+1)*self.mini_batch_size]
    })
validate_mb_accuracy = theano.function(
    [i], self.layers[-1].accuracy(self.y),
    givens={
        self.x:
        validation_x[i*self.mini_batch_size: (i+1)*self.mini_batch_size],
        self.y:
        validation_y[i*self.mini_batch_size: (i+1)*self.mini_batch_size]
    })
test_mb_accuracy = theano.function(
    [i], self.layers[-1].accuracy(self.y),
    givens={
        self.x:
        test_x[i*self.mini_batch_size: (i+1)*self.mini_batch_size],
        self.y:
        test_y[i*self.mini_batch_size: (i+1)*self.mini_batch_size]
    })
self.test_mb_predictions = theano.function(
    [i], self.layers[-1].y_out,
    givens={
        self.x:
        test_x[i*self.mini_batch_size: (i+1)*self.mini_batch_size]
    })
# 实际进行训练
best_validation_accuracy = 0.0
for epoch in xrange(epochs):
    for minibatch_index in xrange(num_training_batches):
        iteration = num_training_batches*epoch+minibatch_index
        if iteration
            print("Training mini-batch number {0}".format(iteration))
        cost_ij = train_mb(minibatch_index)
        if (iteration+1)
            validation_accuracy = np.mean(
                [validate_mb_accuracy(j) for j in xrange(num_validation_batches)])
            print("Epoch {0}: validation accuracy {1:.2
                epoch, validation_accuracy))
            if validation_accuracy >= best_validation_accuracy:
```

6

```
                    print("This is the best validation accuracy to date.")
                    best_validation_accuracy = validation_accuracy
                    best_iteration = iteration
                    if test_data:
                        test_accuracy = np.mean(
                            [test_mb_accuracy(j) for j in xrange(num_test_batches)])
                        print('The corresponding test accuracy is {0:.2
                            test_accuracy))
        print("Finished training network.")
        print("Best validation accuracy of {0:.2
            best_validation_accuracy, best_iteration))
        print("Corresponding test accuracy of {0:.2
```

前面几行很直白，将数据集分成 x 和 y 两部分，并计算每个数据集中小批量的数量。接下来的几行更有意思，也体现了 Theano 的特性，下面详细分析。

```
# 定义（正则化的）代价函数、符号梯度和更新
l2_norm_squared = sum([(layer.w**2).sum() for layer in self.layers])
cost = self.layers[-1].cost(self)+\
        0.5*lmbda*l2_norm_squared/num_training_batches
grads = T.grad(cost, self.params)
updates = [(param, param-eta*grad)
            for param, grad in zip(self.params, grads)]
```

这几行用符号表示出了正则化的对数似然代价函数，在梯度函数中计算了对应的导数，以及对应参数的更新方式。使用 Theano，短短几行即可实现。唯一隐藏的是计算 cost 包含了对输出层 cost 方法的调用，该代码在 network3.py 中的别处，但也很简短。定义好了这些，下面就是定义 train_mb 函数，该 Theano 符号函数在给定 mini-batch 索引的情况下使用 updates 来更新 Network 参数。类似地，validate_mb_accuracy 和 test_mb_accuracy 分别计算验证集和测试集任意给定小批量上 Network 的准确率。通过对这些函数进行平均，可以计算整个验证集和测试集上的准确率。

SGD 方法的剩余部分简单易懂——迭代训练，重复使用训练数据的小批量来训练神经网络，计算验证集和测试集上的准确率。

好了，了解完 network3.py 代码中的重要部分，接下来看看整个程序。不需要仔细阅读这些代码，但应该浏览，如果遇到感兴趣的代码段，不妨深入探究。理解代码的最佳方法就是通过修改代码，增加额外的特征或者重新组织那些有简化空间的代码。列出代码之后，我对初学者给出了一些建议。代码[1]如下所示。

---

① 在 GPU 上使用 Theano 可能会有点难度，例如从 GPU 中拉取数据时容易出现错误，可能会让运行变得相当慢，我已经尽力避免出现这种情况。据称仔细优化 Theano 配置可加速代码运行，更多细节见 Theano 文档。

```
"""network3.py
~~~~~~~~~~~~~~
```

这个基于 Theano 的程序用于训练和运行简单的神经网络。

它支持不同类型（全连接、卷积、最大池化、softmax）的层和激活函数（sigmoid、tanh 和修正线性单元，添加其他类型也很容易）。

在 CPU 上运行时，该程序比 network.py 和 network2.py 快很多，而且不同于 network.py 和 network2.py，它也可以在 GPU 上运行，这样运行会更快。

因为代码是基于 Theano 的，所以与 network.py 和 network2.py 差别很大，但这里尽可能与前面的程序保持一致，其中 API 类似于 network2.py。注意，这里着重于让代码简单易读且易于修改，并没有进行优化，略去了不少可取的特性。

这段程序借鉴了 Theano 文档中关于卷积神经网络的想法、Misha Denil 对 Dropout 的实现，以及 Chris Olah 提出的概念。

该程序是针对 Theano 0.6 和 0.7 编写的，若使用其最新版本，需要做些修改。

```
"""

#### 库
# 标准库
import cPickle
import gzip

# 第三方库
import numpy as np
import theano
import theano.tensor as T
from theano.tensor.nnet import conv
from theano.tensor.nnet import softmax
from theano.tensor import shared_randomstreams
from theano.tensor.signal import downsample

# 神经元激活函数
def linear(z): return z
def ReLU(z): return T.maximum(0.0, z)
from theano.tensor.nnet import sigmoid
from theano.tensor import tanh


#### 常量
GPU = True
if GPU:
```

```
    print "Trying to run under a GPU.  If this is not desired, then modify "+\
        "network3.py\nto set the GPU flag to False."
    try: theano.config.device = 'gpu'
    except: pass # it's already set
    theano.config.floatX = 'float32'
else:
    print "Running with a CPU.  If this is not desired, then the modify "+\
        "network3.py to set\nthe GPU flag to True."

#### 加载 MNIST 数据
def load_data_shared(filename="../data/mnist.pkl.gz"):
    f = gzip.open(filename, 'rb')
    training_data, validation_data, test_data = cPickle.load(f)
    f.close()
    def shared(data):
        """将数据放入共享变量，这使得 Theano 可以将数据复制到 GPU（若有）。"""
        shared_x = theano.shared(
            np.asarray(data[0], dtype=theano.config.floatX), borrow=True)
        shared_y = theano.shared(
            np.asarray(data[1], dtype=theano.config.floatX), borrow=True)
        return shared_x, T.cast(shared_y, "int32")
    return [shared(training_data), shared(validation_data), shared(test_data)]

#### 构造和训练神经网络的主要的类
class Network(object):

    def __init__(self, layers, mini_batch_size):
        """接收列表 layers，它描述了神经网络架构和训练时用于进行随机梯度下降的值 mini_batch_size。"""
        self.layers = layers
        self.mini_batch_size = mini_batch_size
        self.params = [param for layer in self.layers for param in layer.params]
        self.x = T.matrix("x")
        self.y = T.ivector("y")
        init_layer = self.layers[0]
        init_layer.set_inpt(self.x, self.x, self.mini_batch_size)
        for j in xrange(1, len(self.layers)):
            prev_layer, layer  = self.layers[j-1], self.layers[j]
            layer.set_inpt(
                prev_layer.output, prev_layer.output_dropout, self.mini_batch_size)
        self.output = self.layers[-1].output
        self.output_dropout = self.layers[-1].output_dropout

    def SGD(self, training_data, epochs, mini_batch_size, eta,
            validation_data, test_data, lmbda=0.0):
        """使用小批量随机梯度下降算法训练神经网络。"""
```

```
training_x, training_y = training_data
validation_x, validation_y = validation_data
test_x, test_y = test_data

# 计算训练集、验证集和测试集的小批量数量
num_training_batches = size(training_data)/mini_batch_size
num_validation_batches = size(validation_data)/mini_batch_size
num_test_batches = size(test_data)/mini_batch_size

# 定义（正则化的）代价函数、符号梯度和更新
l2_norm_squared = sum([(layer.w**2).sum() for layer in self.layers])
cost = self.layers[-1].cost(self)+\
       0.5*lmbda*l2_norm_squared/num_training_batches
grads = T.grad(cost, self.params)
updates = [(param, param-eta*grad)
            for param, grad in zip(self.params, grads)]

# 定义函数来训练小批量，并计算在验证集和测试集的小批量上的准确率
i = T.lscalar() # mini-batch 索引
train_mb = theano.function(
    [i], cost, updates=updates,
    givens={
        self.x:
        training_x[i*self.mini_batch_size: (i+1)*self.mini_batch_size],
        self.y:
        training_y[i*self.mini_batch_size: (i+1)*self.mini_batch_size]
    })
validate_mb_accuracy = theano.function(
    [i], self.layers[-1].accuracy(self.y),
    givens={
        self.x:
        validation_x[i*self.mini_batch_size: (i+1)*self.mini_batch_size],
        self.y:
        validation_y[i*self.mini_batch_size: (i+1)*self.mini_batch_size]
    })
test_mb_accuracy = theano.function(
    [i], self.layers[-1].accuracy(self.y),
    givens={
        self.x:
        test_x[i*self.mini_batch_size: (i+1)*self.mini_batch_size],
        self.y:
        test_y[i*self.mini_batch_size: (i+1)*self.mini_batch_size]
    })
self.test_mb_predictions = theano.function(
    [i], self.layers[-1].y_out,
```

```
                givens={
                    self.x:
                    test_x[i*self.mini_batch_size: (i+1)*self.mini_batch_size]
                })
        # 实际进行训练
        best_validation_accuracy = 0.0
        for epoch in xrange(epochs):
            for minibatch_index in xrange(num_training_batches):
                iteration = num_training_batches*epoch+minibatch_index
                if iteration % 1000 == 0:
                    print("Training mini-batch number {0}".format(iteration))
                cost_ij = train_mb(minibatch_index)
                if (iteration+1) % num_training_batches == 0:
                    validation_accuracy = np.mean(
                        [validate_mb_accuracy(j) for j in xrange(num_validation_batches)])
                    print("Epoch {0}: validation accuracy {1:.2%}".format(
                        epoch, validation_accuracy))
                    if validation_accuracy >= best_validation_accuracy:
                        print("This is the best validation accuracy to date.")
                        best_validation_accuracy = validation_accuracy
                        best_iteration = iteration
                        if test_data:
                            test_accuracy = np.mean(
                                [test_mb_accuracy(j) for j in xrange(num_test_batches)])
                            print('The corresponding test accuracy is {0:.2%}'.format(
                                test_accuracy))
        print("Finished training network.")
        print("Best validation accuracy of {0:.2%} obtained at iteration {1}".format(
            best_validation_accuracy, best_iteration))
        print("Corresponding test accuracy of {0:.2%}".format(test_accuracy))


#### 定义层类型

class ConvPoolLayer(object):
    """用于组合卷积层和最大池化层。更复杂的实现会分开这两者，但这里为的是让代码更简单易读，所以会将
    它们组合起来使用以简化代码。"""
    def __init__(self, filter_shape, image_shape, poolsize=(2, 2),
                 activation_fn=sigmoid):
        """filter_shape 是长度为 4 的元组，其项是过滤器的数目、输入特征映射的数目、过滤器高度和宽度。
        image_shape 是长度为 4 的元组，其项为小批量大小、输入特征映射的数目、图像高度和宽度。poolsize
        是长度为 2 的元组，其项是池大小 y 和 x。"""
        self.filter_shape = filter_shape
        self.image_shape = image_shape
        self.poolsize = poolsize
        self.activation_fn=activation_fn
```

```
    # 初始化权重和偏置
    n_out = (filter_shape[0]*np.prod(filter_shape[2:])/np.prod(poolsize))
    self.w = theano.shared(
        np.asarray(
            np.random.normal(loc=0, scale=np.sqrt(1.0/n_out), size=filter_shape),
            dtype=theano.config.floatX),
        borrow=True)
    self.b = theano.shared(
        np.asarray(
            np.random.normal(loc=0, scale=1.0, size=(filter_shape[0],)),
            dtype=theano.config.floatX),
        borrow=True)
    self.params = [self.w, self.b]

def set_inpt(self, inpt, inpt_dropout, mini_batch_size):
    self.inpt = inpt.reshape(self.image_shape)
    conv_out = conv.conv2d(
        input=self.inpt, filters=self.w, filter_shape=self.filter_shape,
        image_shape=self.image_shape)
    pooled_out = downsample.max_pool_2d(
        input=conv_out, ds=self.poolsize, ignore_border=True)
    self.output = self.activation_fn(
        pooled_out + self.b.dimshuffle('x', 0, 'x', 'x'))
    self.output_dropout = self.output # 卷积层无 Dropout

class FullyConnectedLayer(object):

    def __init__(self, n_in, n_out, activation_fn=sigmoid, p_dropout=0.0):
        self.n_in = n_in
        self.n_out = n_out
        self.activation_fn = activation_fn
        self.p_dropout = p_dropout
        # 初始化权重和偏置
        self.w = theano.shared(
            np.asarray(
                np.random.normal(
                    loc=0.0, scale=np.sqrt(1.0/n_out), size=(n_in, n_out)),
                dtype=theano.config.floatX),
            name='w', borrow=True)
        self.b = theano.shared(
            np.asarray(np.random.normal(loc=0.0, scale=1.0, size=(n_out,)),
                    dtype=theano.config.floatX),
            name='b', borrow=True)
        self.params = [self.w, self.b]
```

6

```python
    def set_inpt(self, inpt, inpt_dropout, mini_batch_size):
        self.inpt = inpt.reshape((mini_batch_size, self.n_in))
        self.output = self.activation_fn(
            (1-self.p_dropout)*T.dot(self.inpt, self.w) + self.b)
        self.y_out = T.argmax(self.output, axis=1)
        self.inpt_dropout = dropout_layer(
            inpt_dropout.reshape((mini_batch_size, self.n_in)), self.p_dropout)
        self.output_dropout = self.activation_fn(
            T.dot(self.inpt_dropout, self.w) + self.b)

    def accuracy(self, y):
        "Return the accuracy for the mini-batch."
        return T.mean(T.eq(y, self.y_out))


class SoftmaxLayer(object):

    def __init__(self, n_in, n_out, p_dropout=0.0):
        self.n_in = n_in
        self.n_out = n_out
        self.p_dropout = p_dropout
        # 初始化权重和偏置
        self.w = theano.shared(
            np.zeros((n_in, n_out), dtype=theano.config.floatX),
            name='w', borrow=True)
        self.b = theano.shared(
            np.zeros((n_out,), dtype=theano.config.floatX),
            name='b', borrow=True)
        self.params = [self.w, self.b]

    def set_inpt(self, inpt, inpt_dropout, mini_batch_size):
        self.inpt = inpt.reshape((mini_batch_size, self.n_in))
        self.output = softmax((1-self.p_dropout)*T.dot(self.inpt, self.w) + self.b)
        self.y_out = T.argmax(self.output, axis=1)
        self.inpt_dropout = dropout_layer(
            inpt_dropout.reshape((mini_batch_size, self.n_in)), self.p_dropout)
        self.output_dropout = softmax(T.dot(self.inpt_dropout, self.w) + self.b)

    def cost(self, net):
        "Return the log-likelihood cost."
        return -T.mean(T.log(self.output_dropout)[T.arange(net.y.shape[0]), net.y])

    def accuracy(self, y):
        "Return the accuracy for the mini-batch."
        return T.mean(T.eq(y, self.y_out))
```

```
#### 其他函数
def size(data):
    "Return the size of the dataset `data`."
    return data[0].get_value(borrow=True).shape[0]

def dropout_layer(layer, p_dropout):
    srng = shared_randomstreams.RandomStreams(
        np.random.RandomState(0).randint(999999))
    mask = srng.binomial(n=1, p=1-p_dropout, size=layer.shape)
    return layer*T.cast(mask, theano.config.floatX)
```

问　题

☐ 目前，SGD 方法要求用户手动选择训练轮数。前面介绍了一种自动选择训练轮数的方法——提前停止。请修改 network3.py，实现提前停止。

☐ 增加一个 Network 方法来返回在任意数据集上的准确率。

☐ 修改 SGD 方法来允许学习率 η 成为训练轮数的函数。

☐ 前面讲过一种通过微小的旋转、扭曲和平移来扩展训练数据的方法。修改 network3.py 来加入这些技术。注意：除非内存足够大，否则显式生成整个扩展数据集是不现实的，可以考虑一些变通方法。

☐ 在 network3.py 中增加 load 方法和 save 方法。

☐ 当前代码的缺点是用于诊断的工具很少。你能想出一些诊断方法来衡量神经网络的过拟合程度吗？尝试添加这些方法。

☐ 前面对修正线性单元及 sigmoid 和 tanh 函数神经元使用了同样的初始化方法，而这种初始化方法只适用于 sigmoid 函数。假设使用一个全部采用修正线性单元的神经网络，尝试说明以 $1/c$（$c>0$）调整神经网络的权重，最终输出只会改变 $1/c^{L-1}$（L 为层数）。如果最后一层是 softmax 层，会发生什么样的变化？对修正线性单元使用 sigmoid 函数的初始化方法会怎样？有没有更好的初始化方法？注意：这是开放式问题，并没有简单的自包含答案。还有，思考这些问题有助于你更好地理解包含修正线性单元的神经网络。

☐ 前面对梯度不稳定问题的分析实际上是针对 sigmoid 神经元的，如果针对修正线性单元，那分析又会有何不同？你能想出一种好方法让神经网络不太会受到梯度不稳定问题的影响吗？注意："好"这个字表明这是一个研究性问题。实际上有很多修改方法可用，但我没有深入研究，还不能判定什么是真正的好技术。

6

6.4　图像识别领域近期的进展

1998 年，MNIST 图像分类问题被提出，当时花费数周时间训练一个使用先进技术的工作站，其准确率明显低于使用 GPU 且训练少于一小时便能达到的准确率。因此，对 MNIST 图像进行分类不再是一个代表技术限制的问题，然而训练速度意味着它适于教学。此外，研究重点已经转移，当前研究面对的是更具挑战性的图像识别问题。下面简要介绍近期神经网络在图像识别上的一些成果。

这部分内容比较特别。有些话题是贯穿本书的，比如反向传播、正则化、卷积神经网络。本书尽量避免涉及新潮的概念，因为不确定其长期价值如何。在科学界，这样的成果往往生命短促，会逐渐消失，很少产生持久的影响。鉴于此，持怀疑态度的人可能会说："嗯，最近在图像识别上的进步真的只是流行一时吗？也许再过两三年，发现并非如此呢？假如只有某些致力于开拓前沿领域的专家对这些成果感兴趣，那么为什么要讨论它们？"

这样的质疑是合理的，最近论文中的某些出色的细节，其重要性会随着时间逐渐减弱，但过去几年使用深度神经网络应对极难的图像识别任务取得了非凡的进步。想象一下科学史学家在 2100 年写就的关于计算机视觉的内容，他们会把 2011 年至 2015 年（甚至更靠后）判定为由卷积神经网络驱动而取得重大突破的时间。这并不意味着深度卷积神经网络在 2100 年仍在被使用，更不用提 Dropout、修正线性单元等细碎概念了。但它确实意味着重要的变革正在发生，就是现在，在知识的历史中。它有点像原子的发现或者抗生素的发明，是具有历史意义的发明和探索。所以尽管我们不会深入挖掘细节，但了解目前正在进行的一些激动人心的探索是值得的。

6.4.1　2012 年的 LRMD 论文

我们从 2012 年由斯坦福大学和谷歌的研究小组发表的一篇论文[1]开始，我把这篇论文称为 LRMD，取前 4 位作者的姓。LRMD 使用一个神经网络来分类 ImageNet 图像——一个非常具有挑战性的图像识别问题。他们使用的是 2011 年的 ImageNet 数据，包含了 1600 万幅全彩图像，有 20 000 个种类。这些图像收集自开放的网络，由亚马逊的 Mechanical Turk 服务部门的员工分类。图 6-16 展示了几幅 ImageNet 图像[2]。

---

[1] *Building high-level features using large scale unsupervised learning*，作者是 Quoc Le、Marc'Aurelio Ranzato、Rajat Monga 等人。注意，这篇论文中使用的神经网络架构在很多细节上和前面介绍的深度卷积神经网络不同。然而，一般来说，LRMD 基于很多类似的思想。

[2] 这些取自 2014 年的数据集，相比 2011 年的有点改变，但实质上非常相似。关于 ImageNet 的详情，可以参考原始的 ImageNet 论文 *ImageNet: a large-scale hierarchical image database*，由 Jia Deng、Wei Dong、Richard Socher 等人于 2009 年发表。

图 6-16

它们分别是圆刨、褐根腐菌、煮过的牛奶和普通的蛔虫。如果你正在寻找挑战，不妨访问 ImageNet 的手工工具列表，该列表把圆刨、短刨、倒角刨和其他刨子类型区分开。我个人没有把握区分这些工具的类型。显然，这是一个比 MNIST 图像分类更有挑战性的图像识别任务。LRMD 的神经网络在分类 ImageNet 图像上的准确率为 15.8%，还不错。听上去可能没什么了不起，但是和之前的最佳成绩 9.3% 相比已经是巨大的进步了。这个跃升暗示着神经网络也许能提供一个强大的方法来应对非常有挑战性的图像识别任务，比如 ImageNet。

6.4.2 2012 年的 KSH 论文

2012 年，Alex Krizhevsky、Ilya Sutskever 和 Geoffrey Hinton（KSH）发表的一篇论文[①]超越了 LRMD 的成果。KSH 使用 ImageNet 数据的一个子集训练并测试了一个深度卷积神经网络。他们使用的子集来自一个流行的机器学习竞赛：ImageNet Large-Scale Visual Recognition Challenge（ILSVRC）。使用竞赛所用数据集提供了一个和其他领先技术比较的良好途径。ILSVRC-2012 训练集包含了大约 120 万幅 ImageNet 图像，取自 1000 个类别。验证集和测试集分别包含 50 000 幅和 150 000 幅图像，分别取自同样的 1000 个类别。

ILSVRC 竞赛的一大挑战是很多 ImageNet 图像包含了多个目标。假设一幅图像呈现的是一条拉布拉多犬追逐一个足球。这幅图像所谓"正确"的 ImageNet 分类也许是一条拉布拉多犬。如果一个算法把这幅图像标记为一个足球，它应该被扣分吗？由于这种模糊性，如果实际的 ImageNet 分类落入算法认为的最有可能的 5 个类别中，那么该算法就被认为是正确的。通过这个"前五"标准，KSH 的深度卷积神经网络的准确率达到了 84.7%，遥遥领先于身后的参赛者，后者的准确率为 73.8%。采用更严格的必须准确标记的标准，KSH 神经网络的准确率达到了 63.3%。

KSH 神经网络激励了随后的研究，这里简要描述一下。稍后会讲到，尽管更为精细，但它非常接近本章前面训练的神经网络。KSH 使用一个深度卷积神经网络，在两个 GPU 上训练。之所以使用两个 GPU，是因为当时使用的特定的 GPU 型号（一个 NVIDIA GeForce GTX 580）没有足够的片上存储器来保存整个神经网络，所以他们用两个 GPU 把神经网络分成了两个部分。

① Alex Krizhevsky, Ilya Sutskever, Geoffrey Hinton. *ImageNet classification with deep convolutional neural networks*, 2012.

KSH 神经网络有 7 个隐藏层，前 5 个隐藏层是卷积层（有些具有最大池化），后两个是全连接层。输出层是一个有 1000 个神经元的 softmax 层，对应那 1000 个图像类别。图 6-17 展示了该神经网络的一张草图，取自 KSH 论文[1]。细节稍后详述。注意，许多层分成了两部分，对应两个 GPU。

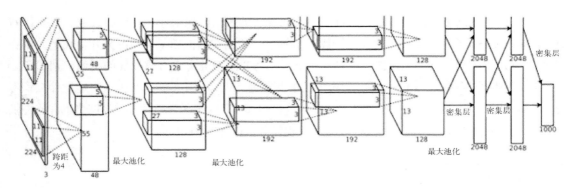

图　6-17

输入层包含 3×224×224 个神经元，对应一幅 224×224 图像的 RGB 值。前面提到 ImageNet 包含不同分辨率的图像，这就引来了一个问题，因为一个神经网络的输入层通常具有固定的大小。KSH 处理这个问题的方式是缩放每幅图像，使得较短的一边的长度为 256，然后他们从缩放后的图像中裁剪出一个 256×256 的区域。最后，KSH 从 256×256 的图像中随机提取 224×224 的子图像（和水平变换）。他们通过随机裁剪来扩展训练数据，以此减轻过拟合。这在 KSH 这样的大型神经网络中尤其有帮助。这些 224×224 图像用作神经网络的输入。在大多数情况下，裁剪后的图像仍然包含完整的主要目标。

继续看 KSH 神经网络的隐藏层，第 1 个隐藏层是卷积层，包含最大池化。它采用了 11×11 大小的局部感受野和一个 4 像素的跨距。总共有 96 个特征映射，分为两组，其中一组的 48 个特征映射放在一个 GPU 上，另一组的 48 个特征映射放在另一个 GPU 上。这一层和后面层的最大池化在 3×3 的区域中完成，但是池化区域是可重叠的。

第 2 个隐藏层也是卷积层，也包含最大池化。它采用了 5×5 大小的局部感受野，共有 256 个特征映射，均分到两个 GPU 上。注意，特征映射仅仅使用 48 个输入通道，不是来自前一层的全部 96 个输出（当然通常是这样）。这是因为任何单个特征映射仅仅使用来自同一个 GPU 的输入，在这种情况下，神经网络就和前面介绍的卷积架构不同了，不过本质上想法是完全相同的。

① 感谢 Ilya Sutskever。

第 3～5 个隐藏层是卷积层，但与前面不同，这里不包含最大池化。它们对应的参数是，第 3 个隐藏层：384 个特征映射，3×3 大小的局部感受野和 256 个输入通道；第 4 个隐藏层：384 个特征映射，3×3 大小的局部感受野和 192 个输入通道；第 5 个隐藏层：256 个特征映射，3×3 大小的局部感受野和 256 个输入通道。注意，第 3 层包含 GPU 间的一些通信（如图 6-17 所示）来让特征映射使用所有 256 个输入通道。

第 6 个和第 7 个隐藏层是全连接层，各有 4096 个神经元。

输出层是有 1000 个单元的 softmax 层。

KSH 神经网络利用了很多技术，采用修正线性单元，而非 sigmoid 激活函数或者 tanh 激活函数，显著加速了训练。KSH 神经网络有约 6000 万个参数，因此就算有更大的训练集，也会发生过拟合。为了克服此缺点，他们使用前面提到的随机裁剪策略扩展了训练数据集，还使用 L2 正则化的变体和 Dropout 来处理过拟合问题。该神经网络使用基于动量的小批量随机梯度下降算法进行训练。

以上是对 KSH 论文中许多核心思想的概述，忽略了一些细节，你可以参阅论文，也可以参考 Alex Krizhevsky 的 cuda-convnet（和后续版本），它包含了实现这些想法的代码。有一个基于 Theano 的实现[1]。尽管使用多个 GPU 使得情况变得复杂，但代码本身还是与本章的类似。Caffe 神经网络框架也包含 KSH 神经网络的一个版本，参见 Model Zoo。

6.4.3 2014 年的 ILSVRC 竞赛

自 2012 年以来，对神经网络的研究一直在快速推进。2014 年的 ILSVRC 竞赛和 2012 年的一样，图像有 120 万幅，1000 个类别，评分标准是前 5 个预测是否包含正确的类别。获胜团队主要来自谷歌[2]，使用了包含 22 层神经元的深度卷积神经网络。他们称其为 GoogLeNet，是对 LeNet-5 的致敬。GoogLeNet 在"前五"上准确率达到了 93.33%，远超 2013 年的获胜者（Clarifai，88.30%）和 2012 年的获胜者（KSH，84.70%）。

GoogLeNet 93.33% 的准确率水平究竟如何呢？2014 年，一个研究团队发表了一篇关于 ILSVRC 竞赛的综述文章[3]，其中有个问题是人类在这个竞赛中的表现如何。为此他们构建了一个系统，让人类对 ILSVRC 图像进行分类。其作者之一 Andrej Karpathy 在一篇博文中解释说，

---

[1] Weiguang Ding, Ruoyan Wang, Fei Mao, et al. *Theano-based large-scale visual recognition with multiple GPUs*, 2014.

[2] Christian Szegedy, Wei Liu, Yangqing Jia, et al. *Going deeper with convolutions*, 2014.

[3] Olga Russakovsky, Jia Deng, Hao Su, et al. *ImageNet large scale visual recognition challenge*, 2014.

让人类达到 GoogLeNet 的表现确实很困难。

> ……人们很快便发现从 1000 个类别中挑选出 5 个来标记图像是非常具有挑战性的任务，甚至对一些参与过 ILSVRC 或与之类似的在实验室工作的朋友也是如此。开始我们以为能把它放到亚马逊的 Mechanical Turk 上，我们还想过有偿招募些未毕业的大学生。之后我组织了一个标记会，只有实验室里有丰富标记经验的人（专业标记人员）参与，我还修改了接口，通过 GoogLeNet 预测来把多余的类别数量从 1000 减少到只有 100。但问题还是太难了，大家没能正确分类很多图片，错误率达到了 13%～15%。最后我意识到为了接近 GoogLeNet，最高效的做法是坐下来亲自完成痛苦的长期训练过程以及随后的仔细标记……标记以每分钟 1 个的速度进行，但随着时间的推移变慢了……有些图像容易识别，而有些图像（例如那些有细密花纹的狗、鸟或者猴子的种类）需要付出数倍的精力。我变得非常擅长鉴别狗的品种……对于我标注过的图像样本，GoogLeNet 的分类误差为 6.8%……我自己的误差最终为 5.1%，以 1.7% 的微弱优势胜出。

换言之，一个专家水平的人，非常仔细地查看图像，付出巨大的努力才能略微胜过深度神经网络。实际上，Karpathy 指出第二位人类专家，在用少量的图像样本进行训练后，"前五"的错误率达到 12.0%，明显弱于 GoogLeNet。大概有一半的错误出自专家"难以识别和判定正确的类别究竟是什么"。

结果令人吃惊。的确，在这项成果后，很多团队也声称在"前五"上的错误率实际低于 5.1%。有时媒体将其报道成系统的视觉超过人类。尽管这些结果是很振奋人心的，但这样的报道其实是一种误解，事实上系统在视觉上并未超越人类。ILSVRC 竞赛问题在很多方面是受限的，例如从公开的网络获取的图像并不具备实际的代表性。而且"前五"的标准也是人为设定的。我们在图像识别领域的研究，或者更宽泛地说，在计算机视觉方面的研究，还有很长的路要走。当然近些年有了很多进展，还是很鼓舞人心的。

6.4.4　其他活动

前面重点介绍了 ImageNet，但还有其他一些使用神经网络进行图像识别的研究，下面介绍其中的一些进展。

谷歌的一个团队开发了一个振奋人心的应用，他们应用深度卷积神经网络识别谷歌街景图像库中的街景数字[①]。在他们的论文中，对近 1 亿个街景数字进行自动检测和自动转述的水平与人类

---

① Ian J. Goodfellow, Yaroslav Bulatov, Julian Ibarz, et al. *Multi-digit Number Recognition from Street View Imagery using Deep Convolutional Neural Networks*, 2013.

不相上下。系统执行很快，一小时内就将法国所有的街景数字都转述了。他们说道："这种新数据集能够显著提高谷歌地图在一些国家的地理精度，尤其是那些缺少地理编码的地区。"他们还做了一个更一般的论断："我们坚信这个模型能解决很多应用中字符短序列的光学字符识别问题。"

　　前面提到的所有结果都是正面的，这很令人振奋。当然，目前一些有趣的研究工作也提出了一些还未理解的根本性问题。例如 2013 年的一篇论文[①]指出，深度神经网络可能会受到有效盲点的影响。如图 6-18 所示，左侧是被神经网络正确分类的 ImageNet 图像，右侧是一幅稍受干扰的图像（使用中间的噪声进行干扰），结果就没能正确分类。论文作者发现每幅图像都存在这样的"对立图像"，并非特例。

图　6-18

　　这个结果令人不安。论文所用神经网络基于 KSH 代码，尽管这样的神经网络计算的函数在理论上是连续的，但结果表明在实际应用中可能会碰到很多不连续的函数。更糟糕的是，它们会以违背常理的方式变得不连续，确实很棘手。另外，这种不连续性出现的原因还没有找到：是跟损失函数有关吗？或者激活函数？又或是网络架构？我们对此一无所知。

　　当然，也不必太过担心。尽管"对立图像"会出现，但实际情景中并不常见，论文又做了如下论述。

---

① Christian Szegedy, Wojciech Zaremba, Ilya Sutskever, et al. *Intriguing properties of neural networks*, 2013.

　　　　反例的存在看起来和神经网络能获得良好的泛化性能相违背。实际上，如果神经网络可以很好地泛化，会受到这些难以区分的反例怎样的影响呢？解释是，反例出现的概率特别低，因此在测试集中几乎难以发现，然而反例又是密集的（有点像有理数），几乎会在每个测试集中出现。

　　我们对神经网络的理解还是太少了，这令人困扰，前面仅仅介绍了近期的研究成果。当然，这样的结果催生了一系列研究工作。例如有一篇文章[①]提出，给定一个训练好的神经网络，可以生成对人类来说是白噪声的图像，但是神经网络有把握对其分类。这也是研究神经网络和图像识别应用的重要方向。

　　尽管有这么多困难，但前途仍是光明的。很多相当困难的基准任务的研究进展迅速，实际问题的研究进展也是如此，例如前面提到的街景数字识别。但需要注意，单单有基准任务乃至实际应用的进展是不够的。这是因为我们还对很多根本性的现象了解甚少，例如"对立图像"问题的存在。这样的根本性问题仍亟待了解（或者解决），声称我们已经接近图像识别问题的最终答案是讲不通的。当然，这样的根本性问题也会激发后续的研究。

6.5　其他深度学习模型

　　本书聚焦于解决 MNIST 数字分类问题。这个"下金蛋"的问题涉及许多杰出思想：随机梯度下降算法、反向传播算法、卷积神经网络和正则化，等等。不过，该问题相当狭窄，如果你研读过神经网络的研究论文，那么会发现还有本书中未曾讨论的很多思想：循环神经网络、玻尔兹曼机、生成模型、迁移学习和强化学习……（还有很多！）神经网络是一个广阔的领域，然而很多重要的想法是本书探讨过的那些想法的变体。有了本书的知识基础，再加上一些付出，便可以理解这些新思想。下面介绍其中一些思想，但不会特别细致和深入，若要达成这两点，本书就得扩展相当多的内容了。因此，接下来的讨论偏重思想性的启发，旨在展示该领域中丰富的概念，并将其中一些思想与前面介绍过的概念相关联。我也会提供其他一些学习资源的链接，当然，链接给出的很多想法很快会被超越，所以建议搜索最新的研究成果。尽管如此，我仍希望众多本质性的想法能够获得足够久的关注。

6.5.1　循环神经网络

　　在前馈神经网络中，单独的输入完全决定了剩下的层中神经元的激活值。可以将其想象成一幅静态的图景：网络中的所有事物都被固定了，处于一种"冰冻结晶"的状态。但假如我们允许

---

① Anh Nguyen, Jason Yosinski, Jeff Clune. *Deep Neural Networks are Easily Fooled: High Confidence Predictions for Unrecognizable Images*, 2014.

网络中的元素能够动态变化，例如隐藏神经元的行为不是完全由前一层的隐藏神经元决定的，而是同样受制于更靠前的层中神经元的激活值，这样肯定会产生跟前馈神经网络不同的效果。也可能隐藏层和输出层的神经元的激活值不会单单由当前的网络输入决定，而是还会受到前面输入的影响。

拥有这类时间相关行为特性的神经网络就是**循环神经网络**（recurrent neural network，RNN）。当然，数学上对循环神经网络有不同形式的定义，参见维基百科的相关介绍。在我写作本书时，维基百科上介绍的模型超过 13 种。除了数学细节，更一般的想法是，循环神经网络是某种体现出了随时间动态变化特性的神经网络。这毫不奇怪，循环神经网络在分析和处理时序数据方面效果很棒。这样的数据和处理正是语音识别和自然语言处理中常见的研究对象。

循环神经网络被用于将传统的算法思想（比如图灵机或者编程语言）和神经网络联系起来。2014 年的一篇论文[①]提出一种循环神经网络能以 Python 程序的字符表示作为输入，用于预测输出。简言之，神经网络通过学习来理解某些 Python 程序。当年的另一篇论文[②]同样使用循环神经网络来设计一种名为**神经图灵机**的模型。这是一种通用机器，其整个结构可以使用梯度下降算法来训练。论文作者训练神经图灵机来推断对一些简单问题的算法，比如排序和复制。

不过正如论文中提到的，这些例子都是极其简单的模型。学会执行 `print(398345+42598)` 并不能让神经网络称得上功能完备的 Python 解释器！这些想法能前进多远也是未知的，结果都充满了不确定性。历史上，神经网络已经在传统算法无能为力的模式识别问题上取得了一些成功，而传统算法也在神经网络并不擅长的领域里显露身手。今天没人会使用神经网络来实现 Web 服务器或者数据库程序。研究出将神经网络和传统算法结合的模型一定是非常棒的。循环神经网络本身及其带来的启发可能会提供不少帮助。

循环神经网络近些年被用于解决其他问题。在语音识别中，循环神经网络特别有效。例如基于循环神经网络的方法已经在音素识别中取得了准确率上的领先，在改进人类语言识别模型中也得到了应用。更好的语言模型意味着能够区分发音相同的那些词，例如尽管发音相同，但 to infinity and beyond 比 two infinity and beyond 更可能出现。循环神经网络在某些语言的基准测试集上刷新了纪录。

语音识别这项研究不仅仅用到了循环神经网络，还涉及其他类型的深度神经网络。例如基于神经网络的方法在大规模词汇的连续语音识别中获得了极佳的结果。另外，一个基于深度神

---

① Wojciech Zaremba, Ilya Sutskever. *Learning to Execute*, 2014.
② Alex Graves, Greg Wayne, Ivo Danihelka. *Neural Turing Machines*, 2014.

经网络的系统已经用于谷歌的 Android 操作系统中了（详见 Vincent Vanhoucke 2012 年至 2015 年的论文）。

前面介绍了循环神经网络的部分用途，还未提及其工作机制。前馈神经网络中的很多思想也适用于循环神经网络，例如可以使用梯度下降算法和反向传播算法的修改版本来训练循环神经网络。前馈神经网络中的其他一些思想，比如正则化技术、卷积、激活函数、代价函数等，应用于循环神经网络都非常有效。本书介绍的很多技术适用于循环神经网络。

6.5.2　长短期记忆单元

影响循环神经网络的一个挑战是模型前期很难训练，甚至比前馈神经网络更难。原因就是第 5 章提到的梯度不稳定问题。回想一下，这个问题的通常表现是在反向传播中梯度越来越小，这就使得前面的神经网络层学习得非常缓慢。在循环神经网络中，这个问题更糟糕，因为梯度不仅仅通过层反向传播，还会随时间进行反向传播。如果神经网络运行了很长一段时间，梯度就会变得特别不稳定，学不到什么。好在可以向其中引入**长短期记忆单元**（long short-term memory unit，LSTM unit）。长短期记忆单元最早是由 Sepp Hochreiter 和 Jürgen Schmidhuber 于 1997 年提出的，意在解决梯度不稳定问题。长短期记忆单元让循环神经网络的训练变得相当简单，近期很多论文（包括前面给出的那些）采用了长短期记忆单元或者相关思想。

6.5.3　深度信念网络、生成模型和玻尔兹曼机

深度学习始于 2006 年，最早的论文就是讨论如何训练名为**深度信念网络**（deep belief network，DBN）的神经网络[①]。之后一段时间，深度信念网络很有影响力，但近些年前馈神经网络和循环神经网络流行开来，盖过了深度信念网络的势头。尽管如此，深度信念网络还是有几个有趣的特性。

其一是深度信念网络是一种生成模型。在前馈神经网络中，我们指定了输入的激活函数，这些激活函数便决定了神经网络中后面层的激活值。深度信念网络这样的生成模型也能如此，但也可以指定某些特征神经元的值，然后“反向运行”，生成输入激活值。具体而言，深度信念网络在手写数字图像上训练后可以生成与之类似的图像。换言之，深度信念网络可以学习书写的能力。因此，生成模型更像人类大脑：不仅可以认出数字，还能写出数字。借用 Geoffrey Hinton 的话说：“要识别对象的形状，得先学会生成图像。”

[①] Geoffrey Hinton, Simon Osindero, Yee-Whye Teh. *A fast learning algorithm for deep belief nets*, 2006.
Geoffrey Hinton. Ruslan Salakhutdinov. *Reducing the dimensionality of data with neural networks*, 2006.

另外，深度信念网络可以进行无监督学习和半监督学习。例如在使用图像数据进行学习时，深度信念网络可以学到有用的特征来理解其他图像，即使训练图像是无标记的，也能如此。这种进行无监督学习的能力对于根本性的科学推理和实际应用（如果完成得足够好的话）来说都是非常有用的。

既然深度信念网络有这些令人瞩目的特性，却为何仍然在深度学习的浪潮中逐渐消失呢？部分原因是前馈神经网络和循环神经网络表现亮眼，例如在图像识别和语音识别的基准测试任务上取得突破，所以大家把注意力转移到这些模型上也就不足为奇了。这里还潜藏着一个不太乐观的推论，研究领域里的法则是"赢者通吃"，所以几乎所有注意力都会集中于最流行的领域，这会给那些投身于目前不太流行的研究方向的研究人员带来很大压力，虽然预期的研究价值非常高，但是压力仍然存在。我个人认为深度信念网络和其他生成模型应该得到更多关注，将来深度信念网络或者相关模型超过目前流行的模型也不无可能。若想了解深度信念网络，可以参考相关综述和文章。

6.5.4　其他想法

神经网络和深度学习中还有其他哪些研究正在进行？其实还有大量极具吸引力的工作。现在热门的领域包括使用神经网络进行自然语言处理、机器翻译，以及更令人惊喜的应用，比如音乐信息学，当然远不止这些。学完本书后，你应该可以了解其中若干领域的近期工作（可能还需要补充一些背景知识）。

有一篇有趣的论文，介绍了将深度卷积神经网络和一种名为强化学习的技术相结合来学习玩电子游戏。其思想是使用卷积神经网络来简化游戏界面的像素数据，将数据转化成一组特征的简化集合，最终使用这些信息来确定采取何种操作："上""下""开火"等。有趣的是，单个神经网络学会了玩 7 款经典游戏，对于其中 3 款的表现已经超过了专业玩家。这听起来像噱头，当然论文标题也挺抓眼球的——*Playing Atari with Deep Reinforcement Learning*。但是透过表象，想想系统以原始像素数据为输入，它甚至不知道游戏规则！从数据中学会在非常不同且势均力敌的场景中做出高质量的决策，而这些场景各有一套复杂的规则。策略可谓非常巧妙。

6.6　神经网络的未来

6.6.1　意图驱动的用户界面

有个很老的笑话。一位教授不耐烦地对一位困惑的学生说道："不要光听我说了什么，要听懂背后的含义。"历史上，计算机的形象通常是笑话中困惑的学生，完全不懂用户的真正意图。

6

而现在这个场景发生了变化。我仍然记得自己使用谷歌搜索时输错了一个查询，搜索引擎问我：
"你是否要查询'XXX'（正确的查询目标）？"然后给出了对应的搜索结果。谷歌前首席执行官
拉里·佩奇曾说过，最佳搜索引擎能准确理解用户查询的背后含义，并给出相应的结果。

这就是意图驱动的用户界面的愿景。在这种场景中，搜索引擎不是直接对用户的查询词反馈
以结果，而是使用机器学习技术对大量的用户输入数据进行分析，研究查询本身的含义，并通过
这些发现来提供最佳的搜索结果。

意图驱动界面这样的概念不仅仅用于搜索。接下来的数十年，数以千计的公司会利用机器学
习进行产品设计，提高用户界面的准确率，精准把握用户意图。先行者包括 Apple 的 Siri、Wolfram
Alpha、IBM 的 Watson，以及可以对照片和视频进行标注的系统。

大多数产品会失败。设计启发式用户界面非常困难，我期望有更多公司采用强大的机器学习
技术来构建用户界面。最优的机器学习并不会在用户界面设计很糟糕时发挥作用，但最终肯定会
有能够胜出的产品。随着时间的推移，人类与计算机的关系会发生重大改变。2005 年，用户认为
自己理应准确地与计算机交互，因此当时的计算机文化很大程度上意味着认同计算机是完全照
字面意义的，一个分号放错便会完全改变与计算机的交互含义。但是在今后数十年内，我们期待
创造出意图驱动的用户界面，这会显著改变我们与计算机交互的体验。

6.6.2　机器学习、数据科学和创新的循环

当然，机器学习不仅可用于构建意图驱动的用户界面，另一个有趣的应用是在数据科学中机
器学习可以找到藏在数据中的"确知的未知"。这已经是非常流行的领域了，很多文章和图书也
介绍了这一点，所以本书不会涉及太多。这里探讨较少讨论的一点——这种流行的影响。长期来
看，很可能机器学习中最大的突破不会是单一的概念突破，而更可能是机器学习研究会获得丰厚
的成果，涵盖数据科学及其他领域。如果企业在机器学习研究中投入 1 美元，会有 1.1 美元的回
报，那么机器学习研究会有充足的资金保证。换言之，机器学习是驱动主要的新兴市场和技术进
步的引擎。结果就是精通业务的大型团队出现，并能够获得足够的资源，这样就能将机器学习推
向新高度，创造出更多市场和机会，形成一种高级创新的循环。

6.6.3　神经网络和深度学习的作用

前面探讨过机器学习会为技术发展开创更多可能，那么神经网络和深度学习作为技术会有什
么特殊贡献呢？

为了更好地回答这个问题，首先回顾一下历史。早在 20 世纪 80 年代，人们便对神经网络抱以信心和期盼，尤其在反向传播声名鹊起后。而在 20 世纪 90 年代，这样的热情逐渐冷却，对机器学习领域的关注转移到了其他技术上，比如 SVM。如今神经网络东山再起，刷新了几乎所有领域的表现纪录，在很多问题上取得了胜利。但谁又能说，明天不会有一种新方法击败神经网络呢？是否神经网络研究的进程又会出现阻滞，等不来任何进展？

因此，可能更好的方式是预测机器学习的未来，而不是单单盯着神经网络。还有个原因是，我们对神经网络的理解还是太浅了。为何神经网络能够很好地泛化？为何在学习了大规模参数后，采取一些方法可以避免过拟合？为何神经网络中随机梯度下降算法很有效？当数据集扩展后，神经网络又能达到怎样的性能？如果 ImageNet 的数据量扩大 10 倍，神经网络的性能会比其他机器学习技术好多少？这些都是简单却根本的问题。当前，我们对它们都知之甚少。因此，要说神经网络在机器学习的未来扮演什么样的角色，这很难回答。

我个人认为深度学习会继续发展。学习概念的层次特性、构建多层抽象的能力，看起来能从根本上解释世界，这并不是说未来深度学习研究人员的想法会剧变，而是说使用的组成单元、网络架构或者学习算法会大为改变。如果我们不再将最终的系统局限于神经网络，这些转变将会更巨大。但当前人们仍在从事深度学习的研究。

6.6.4 神经网络和深度学习将主导人工智能

本书着重于使用神经网络来解决具体任务，比如图像分类。现在更进一步，提问：通用思维机器有可能实现吗？神经网络和深度学习有助于解决通用人工智能的问题吗？如果可以，以目前深度学习领域的发展速度，通用人工智能未来的发展值得期待吗？认真探讨这个问题可能需要另写一本书。不过，下面给出一点意见，想法基于**康威定律**：

> 在设计系统时，组织所交付方案的结构将不可避免地与其沟通结构一致。

打个比方，按照康威定律，波音 747 客机的设计会体现在设计该客机时波音及其承包商的组织结构。简单举例，假设一家公司开发一款复杂的软件应用，如果应用的仪表盘会集成一些机器学习算法，设计仪表盘的人员最好咨询一下公司的机器学习专家。康威定律描述的正是这种情形，可能更为宽泛。

第一次听到康威定律，很多人的反应是"嗯，这不是很明显吗"或者"这不对吧"，下面分析第二个观点。还是以波音为例：波音的会计部门会体现在 747 设计的哪里呢？他们的清洁部门呢？内部的食品供应呢？结果就是这些部门可能不会显式地体现在 747 设计的任何地方。可见根据康威定律，仅仅设计和工程部门会明显相关。

另一种反对声认为康威定律很肤浅且显而易见。对那些常常违背康威定律的组织来说可能是如此，但我不这么认为。构建新产品的团队通常混有许多无法胜任的员工或者缺乏具备关键能力的人员。想想那些包含无用而复杂功能的产品，或者那些明显有重大缺陷的产品，例如糟糕的用户界面。这两种情况通常都是因为构建好产品所需的团队组织和实际团队之间的不匹配产生的。康威定律可能是显而易见的，但这不意味着可以随便忽略它。

康威定律应用于系统的设计和工程中，我们需要很好地理解系统的组成部分以及如何构建。由于我们尚不知道人工智能的组成部分究竟有哪些，因此康威定律不能直接应用于人工智能的开发过程。我们甚至不能确定哪些是最根本的问题。换言之，比起工程问题，人工智能更是科学问题。想象开始设计波音 747，而不了解喷气式发动机和空气动力学原理，也就难以确定团队需要哪类专家。正如 Wernher von Braun 指出的："基础研究就是我们并不知道自己在研究些什么。"那有没有康威定律在更为科学而非工程的问题上的应用呢？

为了回答这个问题，可以回顾一下医学的历史。在早些时候，医学是像盖伦和希波克拉底这样的实践者的领域，他们研究整个人体。随着知识的增长，人类不得不实行专业分工，随之得到了很多深刻①的认知，比如疾病的微生物理论、对抗体工作机制的理解，又或者对心脏、肺、血管的了解，所有这些知识形成了完整的心血管疾病知识系统。这些深刻的理解形成了诸如流行病学、免疫学和围绕心血管疾病系统的许多交叉领域，所以医学知识结构形成了医学的社会结构，这点在免疫学上体现得尤为明显。认识到免疫系统的存在和它具备研究价值是非凡的成就，在此基础上形成了完整的医学领域，包含专家、会议、奖项，等等。它围绕在某种不可见的事物周围，可以说，这并非一个清晰的概念。

这种特点在不同的科学分支上也广泛存在，不仅仅是医学，物理学、数学、化学等领域都存在类似的情况。这些领域开始时知识呈现为一团，只有一点点深刻的认识，早期的专家可以掌握所有知识。随着时间的推移，这种独团状况发生改变，很多深刻的新思想被提出，越来越多，多到任何人都难以全部掌握。然后这个领域的社会结构就开始重新组织，围绕着这些思想分离开来。如今所看到的就是领域不断细分，子领域按照一种复杂、递归、自指的社会结构进行分解，而这些组织关系也反映了那些深刻思想之间的联系。因此，知识结构塑造了科学的社会组织关系，而这些社会组织关系反过来也会限制和决定发展的方向。这就是康威定律在科学上的变体。

---

① 很抱歉反复提到"深刻"，我没有严格定义"深刻"，这里指的是对于整个研究领域来说的基础性概念和想法。反向传播算法和疾病的微生物理论就是关于深刻的很好的例子。

那么，这对深度学习或者人工智能有什么影响呢？

人工智能发展的早期存在对它的争论，一方认为："这并不是很难，因为我们已经有'超级武器'了。"反对方认为："有超级武器还不够。"深度学习就是最新的超级武器[①]，之前是逻辑、Prolog、专家系统，或者当时最先进的技术。这些论点存在的问题是没有很好地说明这些候选超级武器强在哪里。当然，我们用了很长的篇幅来论述深度学习可以解决极具挑战性的问题。这听起来令人振奋，前景光明。但是诸如 Prolog、Eurisko 或者专家系统在当年也是如此。所以，那些观点或者方法看似很有前景，但这并没什么用。我们如何区分深度学习和早期方法的本质区别呢？康威定律给出了一个粗略的启发式度量，即评价与这些方法相关的社会关系的复杂性。

这就引出了两个问题。第一，根据这种社会复杂性度量，方法集和深度学习的关联度如何？第二，需要多么强大的理论来构建通用人工智能？

对于第一个问题，现在看深度学习，这是一个热火朝天却又相对单一的领域。有一些深刻的思想，一些重要的学术会议，其中一些会议之间存在很多重叠。此外，一篇篇论文在不断地改进和完善着相同的基本思想：使用随机梯度下降算法（或者类似的变体）来优化代价函数。这个思想非常成功，但现在仍未看到子领域的健康发展，大家都在研究各自的深刻思想，将深度学习推向不同的方向。所以，根据社会复杂性度量，简单来讲，深度学习仍然是一个相当粗浅的领域，现在还是可以掌握该领域的大多数深刻思想的。

当然，对第二个问题的答案是：无人知晓。但本书附录讨论了一些已有的观点。我个人认为，构建通用人工智能需要很多深刻的思想。康威定律告诉我们，为了实现这样的目标，必须有很多交叉学科以复杂甚至奇特的结构出现，这种结构也映射出了那些深刻见解之间的关系。目前在神经网络和深度学习的使用中，这样的社会结构还未出现。我认为离真正使用深度学习来开发通用人工智能至少还需要几十年的探索。

诚然，我付出极大的努力所建立的论断是探索性的，并不十分确定。毫无疑问，这会让那些寄希望于获得确定答案的人们感到失落。互联网上的许多观点显示，很多人非常笃定，对人工智能抱以非常乐观的态度，然而很多推断缺乏确凿的证据，根本站不住脚。坦白地说，现在如此乐观还为时尚早。正如一个笑话所讲，如果你问一个科学家还要多久才会有新发现，他会说 10 年（或者更久），其实真正的含义就是"我不知道"。像可控核聚变和其他技术一样，人工智能已经有 60 多年一直被认为再有 10 年便能有重大发现。另外，深度学习中那些强大技术的边界和许多开放的根本性问题还有待发现，而这正是创新的机遇。

---

① 有趣的是，这些往往不是由知名的深度学习专家提出的，他们对此相当克制。

是否存在关于智能的
简单算法

本书聚焦于神经网络的实现细节:神经网络的工作机制以及如何将其用于解决模式识别问题,这关乎其实际应用。我们对其感兴趣的另一个原因是希望有一天神经网络可以超越这些基础的模式识别问题:可能神经网络或者其他基于数字计算机的技术,最终用于构建可以媲美甚至超越人类智慧的思维机器。这个问题已经远远超出本书范畴,或者说人类目前的认知极限,但是猜想也是很有意思的。

其实已经有很多关于计算机最终能否达到人类智慧程度的争论,而我并不想参与其中。相比现在的争论,我相信人类水平的智能计算机是有可能实现的,尽管它会极其复杂,远非当前的技术所能达到的。

这里要讨论的问题是,是否存在一套简单的原则能够解释智能?具体而言,简单的算法能否产生智能?

通过简单的算法得到智能是个非常大胆的想法,有点过于乐观了。很多人凭直觉认为智能需要相当难以简化的复杂性。他们惊叹于人类思维的多样性和灵活性,所以认定简单的算法无法产生智能。尽管有这样的观点,但我不认为急于下结论是明智的做法。简单却强大的思想取代复杂的规律来解释一些现象,科学史上不乏这样的例子。

以早期的天文学为例,人类从远古时代就区分了天空中的天体对象:太阳、月亮、行星、彗星和(其他)恒星。这些天体按照不同的方式运动:恒星缓慢地在天空运转,彗星则拖着尾巴划过天空,然后消失得无影无踪。在 16 世纪,只有盲目乐观的人才认为所有天体的运动都可以用一套简单的原理解释,但是在 17 世纪,牛顿提出了万有引力理论,不仅解释了所有天体的运转原理,还能解释地球上的潮汐现象和抛物运动等。16 世纪盲目的乐观主义者如今看起来就像悲观主义者，缺乏追求。

当然，科学史上有很多这样的例子。例如构成整个世界的神秘的化学物质，被门捷列夫的元素周期表巧妙地解释了，而这些规律又能被更简单的量子力学规律解释。又如生物界中太多的复杂性和多样性产生了诸多困扰，最终发现答案是自然选择作用的演化规律。这些例子都表明，如果仅仅由于人类大脑（目前人类大脑是智能的最佳体现）表现出复杂的功能便断定关于智能的简单解释不成立，那么这其实是不明智的做法[①]。

然而，尽管有这些正面的例子，但智能只能由大量基本、分离的机制来解释在逻辑上也是可能的。比如对于人类大脑，这些机制可能是在物种演化历程中对各种选择压力的反应而导致的演化结果。如果这个观点是正确的，那么智能实际上就应该包含无法简化的复杂性，也不存在关于智能的简单算法。

这两种观点哪种正确呢？

为了深入探讨这个问题，再提一个密切相关的问题：是否存在关于人类大脑工作机制的简单解释？首先看一下量化人类大脑复杂性的方式。第一个观点是**连接组学**。这套理论是关于原始连接的：人类大脑中有多少神经元，多少神经胶质细胞，神经元之间有多少连接。你之前可能听过这些数字：人类大脑包含百亿级的神经元，千亿级的神经胶质细胞，百兆级的连接。这些数字都是极其庞大的天文数字。如果必须了解所有这些连接的细节（且不论神经元和神经胶质细胞）才能理解人类大脑的工作机制，那么肯定得不到关于智能的简单算法。

第二个更乐观的观点来自分子生物学对人类大脑的探究：需要多少基因信息来描述人类大脑的构造？为了解答这个问题，首先考虑人类和黑猩猩的基因差异。你可能听过 "黑猩猩和人类的相似度为 98%" 这样的话。类似的说法非常杂乱，也有人说是 95%或者 99%。这样的表述差异是因为比较的是人类和黑猩猩基因的样本而非整体的基因估计结果。然而 2007 年，黑猩猩的所有基因被序列化了，现在我们知道人类和黑猩猩的 DNA 有 1.25 亿个不同的 DNA 碱基对，而碱基对总数约为 30 亿个，所以说黑猩猩和人类的相似度为 96%（1.25 亿/30 亿约等于 0.04166666667）更恰当。

那么 1.25 亿个不同的碱基对中究竟有多少信息？每个碱基对有 4 种标记可能——基因代码（A、C、G 和 T），所以每个碱基对可以使用两比特的信息进行描述——$2^2=4$，1.25 亿个碱基对就相当

[①] 本附录假设智能计算机的能力不低于人类的思维能力，所以会将 "是否存在智能的简单算法" 等同于 "是否存在简单的算法，其思考能力相当于人类大脑"。然而值得注意的是，其实也可能存在无法归入人类思维的智能形式，而这些智能会在一些方面超过人类思维。

于有 2.5 亿比特的信息，这就是人类和黑猩猩的基因差异！

当然，这 2.5 亿比特表示人类和黑猩猩之间的所有基因差异，而我们只对有关大脑的那部分感兴趣，但没有人知道哪一部分的基因差异能够解释大脑部分。这里不妨假设有一半的比特与大脑有关，即总共 1.25 亿比特。

1.25 亿比特是非常大的数字。下面用人类熟悉的方式感知一下这个数字的大小，比如看看有多少等量的英文文本。英文文本的信息是一个字母一比特。英文有 26 个字母，看起来很少，但英文文本中存在大量冗余。当然，你也可以争论基因数据也是冗余的，所以每个碱基对有两比特信息的假设也是高估的。但是这里忽略这些信息，因为最差情况是高估了人类大脑基因的复杂性。基于这些假设，人类大脑和黑猩猩大脑的基因差异约等于 1.25 亿个字母，或者 2500 万个英文单词，这是 King James 版《圣经》的 30 倍。

这是庞大的信息，但仍在人类的理解范围内。可能没有人能单独理解所有基因代码，但是一群人通过合理分工能够集体性地掌握这些内容。尽管信息量很庞大，但这和描述百亿级神经元、千亿级神经胶质细胞和百兆级连接所需的信息相比甚是微小。即便使用简单粗略的描述，比如用 10 个浮点数来描述每个连接，也需要大概 70×10^{15} 比特，这意味着基因描述的复杂性是人类大脑内连接数的原始描述的 5 亿分之一。

前面的例子表明基因不可能包含关于神经连接细节的描述，因此需要确立有关人类大脑的宽泛的构造和基本原理，而这个构造和原理能让人类产生智能。当然，存在一些附加条件——儿童的成长需要健康的环境和良好的营养才能促进智力发展。假设人类成长于理想的环境中，健康的人类将拥有非凡的智慧。某种意义上，人类基因中的信息包含了思维的本质。另外，这些基因信息中包含的原理似乎可以内化于人类集体掌握知识的能力中。

前面所有的数字都只是粗略的估计，很可能 1.25 亿比特是高估了，也可能某些更简洁的核心原理存在于人类思维之中，可能大多数比特仅仅是细节上的微调，也可能前面计算这些数字时过于保守。显然，如果推断是正确的，那么很好！对于当前的目的，关键是明白人类大脑的构造是复杂的，但是比基于人类大脑的连接去考虑问题简单得多。从分子生物学的角度看人类大脑，可以想象人类日后有望理解自己大脑内部的工作原理。

前面忽略了 1.25 亿比特仅仅量化了人类大脑和黑猩猩大脑的基因差异，但并不是说人类大脑的功能仅仅取决于这 1.25 亿比特。黑猩猩于其自身而言也是非凡的思考者。或许智能的关键是黑猩猩和人类在思考能力（和基因）上的共同部分。如果这个观点正确，那么人类大脑可能就是黑猩猩大脑的微小升级，至少是内部构造复杂性上的升级。曾经的人类沙文主义就人类独特性认为这是难以置信的：黑猩猩和人类的基因大约在 500 万年前分化，这在演化的时间轴上只是很小的一段。但是，基于更有说服力的观点，可以看出人类沙文主义者的论调是如何产生的：我猜测关于人类思维，最关键的原理存在于那 1.25 亿比特上，而不是人类和黑猩猩共同拥有的那部分基因。

采纳分子生物学对大脑的观点能将问题降低 9 个数量级的复杂度，尽管令人振奋，但这未声明关于智能的简单算法是否可能。复杂性能够进一步简化吗？更确切地说，能否回答"简单算法能否产生智能"这个问题？

然而现在还没有足够有力的证据来解答这个问题。下面给出一些已有的证据，以一种简要且不完备的概览，而不是深入完整的研究综述来谈谈近期的研究进展。

能够证明可能存在关于智能的简单算法的证据之一是 2000 年 4 月《自然》杂志上刊登的实验报告：由 Mriganka Sur 领导的科学小组"重连"了新生雪貂的大脑。来自雪貂眼睛的信号通常会传递到脑中的视觉皮层处，但是对于这些雪貂，科学家将它们的眼睛接收到的视觉信号重新传递到了听觉皮层，即脑中负责听觉的那个区域。

为了理解当时发生了什么，先介绍一点关于视觉皮层的知识。视觉皮层包含许多**朝向柱**（orientation column），这其实是一块一块的神经元，每块对来自某个方向的视觉刺激有响应。可以将朝向柱看作微小的方向检测器：当某个方向亮起一道光时，对应的朝向柱就会被激活。如果移走光线，不同的朝向柱就会被激活。视觉皮层中最重要的高级结构是**方位地图**（orientation map），它展示了朝向柱的分布状况。

科学家发现，当来自雪貂眼睛的视觉信号重定向传递到听觉皮层时，听觉皮层发生了变化，其中开始出现朝向柱和方位地图。这个方位地图和正常的视觉皮层中的方位地图相比更为无序，但无疑是相似的。另外，科学家通过测试不同方向的光线刺激来研究雪貂对视觉刺激的反应机制。这些测试表明雪貂通过听觉皮层仍可以学会"看"——至少是以一种初级的方式在学习。

这相当令人吃惊。它表明大脑的不同部分存在共同的原理去学习对数据做出反应。这种共性支持了"简单的原理能产生智能"这一猜想，但这点成果无法确保万事大吉。行为测试仅仅对视觉进行了粗略的验证，而且我们也没法问雪貂它们是否"学会看"了。因此实验并没有证明重连的听觉皮层能给予雪貂精确的视觉体验，而只是用有限的证据表明大脑的不同部分可能以共同的原理进行学习。

怎样才算是"智能由简单算法产生"的证据？有些证据源自进化心理学和神经解剖学。20 世纪 60 年代，进化心理学家就发现了众多的人类一般性概念——在抚育及所有人类复杂行为中体现出来的共性。这些人类一般性概念包括音乐、跳舞，以及非常复杂的语言结构，比如禁忌语，以及和动词一样存在基础结构的代词。作为对这些结论的补充，神经解剖学的大量证据表明人类的很多行为由大脑的特定区域决定，而这些区域在所有人类身上看起来都是相似的。总而言之，这些发现表明很多特殊行为其实和大脑的特定部分相关联。

某些人根据这些结果推断：对于大脑的不同功能，需要有不同的解释，所以大脑功能存在不可简化的复杂性，这也使得不太可能为大脑运作找出一个简单的解释（或者说简单的智能算法），例如著名的人工智能科学家 Marvin Minsky 就持有这样的观点。20 世纪七八十年代，Minsky 提出了**心智社会理论**，其基本观点是人类智能是独立而简单的（不过非常不同的）计算过程——他称之为**智能体**（agent）——的社会化结果。在描述该理论的书①中，Minsky 将自己的观察总结如下：

> 什么让我们变得智能？其实没有奥秘。智能从我们广泛的多样性中诞生，而非从任一简单、完美的原理中。

在回应对该书的评论时，Minsky 详细解释了自己的写作动机，他基于神经解剖学和进化心理学给出了一个类似于上面一段话的观点：

> 现在我们知道人类大脑由数百个区域和基底核构成，每个都有不同的构成元素和排列方式，其中很多是和展现出来的不同的精神活动相关联的。现代知识表明很多传统的常用术语（比如"智能"或者"理解"）描述的现象实际上牵涉许多复杂的运作机制。

持有这种观点的科学家当然不止 Minsky，这里只是将其作为代表。这个观点本身很有意思，但是不要太过相信它。尽管人类大脑的确包含不同的区域，各有不同的功能，但也不能断言对于大脑功能不存在简单的解释，因为很可能这些不同的构造其实有着共同的原理，实际上也可以像彗星、行星、恒星的运动都是遵循引力一样，而 Minsky 和其他人都不能反驳这样的统一观点。

我个人偏向于存在对于智能的简单算法。我认为这是一个积极的想法，所以与前面那个未有定论的观点相比更喜欢这个。在研究领域，未被验证的积极观点比之消极观点通常可以催生出更多结果，因为乐观主义者勇于开拓和尝试新事物。这就是发现之路，即使最终发现结果与刚开始期望的不同，而悲观主义者可能会在某种狭隘的感觉下更**正确**，但是发现也会较少。

这种观点和人们通常评价想法的方式（尝试判断对错）形成了鲜明对比。这种传统策略指向的是日常研究的流程细节，却不适用于评判大胆的想法，比如确定整个研究项目的方向。有时只

---

① 请参阅《心智社会》一书。

有关于某个想法正确与否的薄弱证据。我们可以不认同存在简单算法这种想法，而花费时间去研究已有的证据，尝试判断什么是正确的；或者可以选择少有人走的路，然后致力于证实大胆的想法，这虽然不能保证成功，却是增强理解的途径。

总而言之，按照最乐观的说法，我不相信人类会找到关于智能的简单算法。具体而言，我不相信我们最终能通过简短的（假设有上千行）Python（或者 C、Lisp 等）程序实现人工智能，我也不认为最终能借由简单的神经网络实现人工智能。但我相信，这样的程序或者神经网络值得不懈探索。这是获得见解的途径，通过追求这种进步，将来某天有望达到足够深的理解，从而设计出更高级的智能网络。因此，认为存在简单的智能算法是值得的。

在 20 世纪 80 年代，杰出的数学家和计算机科学家 Jack Schwartz 受邀参加一场人工智能倡导者和怀疑者之间的辩论。辩论场面最后失控，倡导者一直鼓吹研究进展非常惊人，怀疑者则非常悲观，认为人工智能完全不可能实现。Schwartz 保持超然的态度，在讨论升温时依然安静。在辩论间隙，他被问起有什么看法。Schwartz 说道："嗯，部分研究进展需要有数百个诺贝尔奖作为铺垫。"我很认同这个观点。人工智能的关键是简单而强大的想法，我们能够也应该乐观地去探索这些想法。现在正需要很多这样的想法，我们仍然有很长的路要走！

版 权 声 明